ご長寿猫に聞いたこと

君と一緒

18歳以上の猫103《ひゃくみゃー》匹と
家族の物語

編・ご長寿猫研究会
監修・野澤延行
（動物・野澤クリニック院長）

日貿出版社

監修者・野澤延行より読者の皆さんへ

この本は、「どうすれば猫が長生きできるか」ではなく、「長寿になった猫からそのコツを教えてもらう」本です。

長寿猫は、恍惚《こうこつ》とした中にも輝いたものがあり、風格のあるその姿は見るものを安心させ、皆を幸せな気持ちにさせてくれます。「そんなご長寿猫に、どうしたらなってくれるのだろう?」これは多くの猫を飼う人にとって憧れでしょう。

診察室では私も「猫には居場所と食事が大事」と言い、あたかも猫の気持ちを代弁するかのようにして話しています。でも、本当に言いきれることはそれほど多くはありません。そうした自信のなさを、瞬く間に長寿猫は見破り、むしろこちらを微笑ましく見ていてくれるように思うこともしばしばです。「ならば直接、長寿猫にご教示願おう」というのが、本書の基本コンセプトと言えるでしょう。

実際にはご長寿猫研究会が100を越える設問を作り、質問紙法によってアンケートを用意しました。記述による設問を多くしたこともあり、飼い主さんの深い愛情と経験、観察を基にしたお答えは大変貴重な資料となりました。私自身、予想していた答えや一般的に言われていることとは違うお答えに出会い、今更ながら大変勉強になりました。今回頂いた皆さんのお答えは、イエネコ社会の暮らしを飛躍的に進歩させる一助になると言っても過言ではないでしょう。

また、本書の特徴として長寿猫だからこそ知っていて欲しい、心のバランスについて触れていることがあります。年老いた猫のケアの中で直面する様々なトラブルや決断、そして避けることのできない〝喪の仕事〟、お別れについても触れさせて頂きました。それは、猫も人も有限の命を持つものとして喪失感を受け入れ、乗り越えなければならないことを知っていて良いと思うからです。この言葉にならないものを共有することで、長寿猫が私たちに伝えようとしていることの一端が伝わるのではと思うのです。

また、一つの命を大切にするということは、不適切な飼育や繁殖の抑制に繋がるばかりでなく、殺処分を減らす要因になると考えています。法規制など取り組まなければならないことはありますが、そこには人としての思いやりがなければならない、と考えています。

「長生きとは何か」「生きるとは何か」それらすべてを優しく、そして厳しく教えてくれるのが長寿猫なのです。

２０１６年10月　瓢箪棚を眺めながら　監修者記す

本書では監修者の野澤先生のマークが所々に登場します。これはその後に登場する野澤先生のコラムのトピックスになっていることを示しています。是非本文に合わせてお読みください。

はじめに

「猫を愛している人は、それ以上のことを知らなくても、私の友人であり仲間だ」と言ったのは、『トムソーヤの冒険』で有名な作家、マーク・トゥエインだそうです。

編者もこの本を手に取ってくださった皆さんすべてに同じ思いを抱いています。

この本はタイトルにある通り、18歳以上の猫103匹について、そのご家族にアンケートをお願いして、猫との出会いから暮らしぶり、そしてケアの方法などについてのお答えをまとめたものです。

今回のアンケートの対象とさせて頂いたのは、生きている、亡くなっているを問わず、2016年4月時点で18歳になっている猫で、皆さんには実に100を越える設問に答えて頂きました。改めて皆さまに心より感謝致します。

「一日でも長く大好きな猫と一緒にいたい」

という想いは、猫と暮らす方にとっての悲願でしょう。私もまたその一人として、実際にご長寿猫と暮らして〝いる〟、あるいは〝いた〟皆さんの言葉と智恵は、編集作業をしながらも参考になり、大変貴重なものだと感じています。

ただそれ以上に感じているのは、かけがえのない家族の一員として猫とともに過ごす皆さんの姿と、そこにあるそれぞれのご家族の風景です。この本に集められたのは、そうした皆さん一人一人、猫一匹一匹の物語の上に成り立った〝生きた智恵〟と言えるでしょう。

同じ猫を愛する仲間にとって、この本がお役に立てば心より嬉しく思います。

目次

パート3 君のお気に入りから嫌いなもの

お散歩、嫌いなこと、健康チェックからトラブル、そしてストレスまで。

パート4 大好きな君へ

10歳からの体調の変化、ケア、看取り、ペットロス、猫への感謝まで。

今回のアンケートにご協力頂いた皆さん

●敬称は略させて頂いています。また年齢は2016年4月時点のものです。

1	埼玉県	島袋	ベル	18歳♂
2	千葉県	こたママ	こたろう	18歳♂
3	千葉県	中島	なあな	18歳♀
4	千葉県	並木	うりめろん	18歳♀
5	東京都	片岡	コゲ	18歳♀
6	東京都	望月	モカ	18歳♀
7	東京都	おか	いくら	18歳♂
8	東京都	おか	ぽち	18歳♂
9	東京都	asami	ウメ	18歳♂
10	東京都	萩原	ハナ	18歳♂
11	東京都	栗谷	けむりちゃん	18歳♀
12	東京都	桂	桂さくら	18歳♀
13	東京都	山中	元生	18歳♂
14	東京都	進藤	マメ	18歳♀
15	東京都	Sさん	くろさん	18歳♂
16	東京都	東海林	かなえ	18歳♀
17	東京都	シーノ	リムル	18歳♀
18	神奈川県	稲田	グレイ	18歳♂
19	神奈川県	稲田	オリーブ	18歳♀
20	神奈川県	稲田	ルナ	18歳♀
21	神奈川県	波多野	ダンボ	18歳♂
22	静岡県	月子	あんこ	18歳♀
23	愛知県	浅井	ミイ子	18歳♂
24	愛知県	神谷	くっち	18歳♀
25	愛知県	鈴木	ミーシャ	18歳♂
26	愛知県	鈴木	みゆ	18歳♀
27	愛知県	齊藤	モモ	18歳♀
28	岡山県	石井	しゃおみー	18歳♀
29	青森県	樋口	チビ	19歳♂
30	埼玉県	とむ	れもん	19歳♀
31	千葉県	沼田	ミランダ	19歳♀
32	東京都	小麦	小梅	19歳♀
33	東京都	小麦	小麦	19歳♀
34	東京都	進藤	マイ	19歳♀
35	東京都	進藤	メイ	19歳♀
36	東京都	大竹	あびび	19歳♀
37	東京都	岩瀬	モモ	19歳♂
38	東京都	のりさん	チビ	19歳♂
39	東京都	栗谷	いしだい	19歳♂
40	東京都	松田	チョコ	19歳♂
41	東京都	ともぞう	ともみ	19歳♀
42	東京都	藤木	アンコ	19歳♀
43	東京都	畠山	ととこ	19歳♀
44	東京都	望月	ショコラ	19歳♂
45	神奈川県	さくらさん	ユメ子	19歳♀
46	神奈川県	あっちゃん	マミちゃん	19歳♀
47	神奈川県	森田	ちゃー	19歳♂
48	神奈川県	ねろたん	ねろ	19歳♀
49	神奈川県	船越	たどん	19歳♀
50	静岡県	小池	ミュー	19歳♂
51	静岡県	あみりん	あれれ	19歳♀
52	愛知県	しく	ジョー	19歳♀
53	愛知県	ニャンコ	メゴ	19歳♀
54	愛知県	金子	ミー	19歳♀
55	愛知県	加藤	マイ	19歳♂
56	愛知県	河生	ナナ	19歳♀
57	愛知県	noriko	ミータちゃん	19歳♀
58	大阪府	川田	タビ	19歳♀
59	大阪府	中谷	ちょび	19歳♂
60	大阪府	田代	菊ちゃん	19歳♀
61	福岡県	書肆吾輩堂	ゴンチャロフ	19歳♂
62	新潟県	マユ	ぺぺ	20歳♂
63	埼玉県	三ッ井	うみちゃん	20歳♀
64	東京都	遠山	ティッタ	20歳♀
65	東京都	たまぴ	めんめ	20歳♀
66	東京都	ケイ	マオ	20歳♂
67	東京都	宮田	コロ	20歳♂
68	神奈川県	丸山	なな	20歳♀
69	神奈川県	永井	Nyasama	20歳♀
70	神奈川県	さくらさん	ツナちゃん	20歳♀
71	静岡県	くりぼう	ミー	20歳♀
72	静岡県	Kazu	シルバー	20歳♂
73	愛知県	齊藤	グレ	20歳♀
74	広島県	聖☆きのこ	ミルフィー	20歳♂
75	広島県	浅海	こてつ	20歳♀
76	カリフォルニア州(米国)	Kayoko	マヤン	21歳♀
77	秋田県	maria	チャンガちゃん	21歳♀
78	岩手県	阿部	ちゃちゃ丸	21歳♂
79	埼玉県	真知子	ちゃちゃ	21歳♂
80	東京都	小ちえ	シーちゃん	21歳♀
81	東京都	宮田	モモコ	21歳♀
82	東京都	広瀬	トラヴゥ	21歳♀
83	東京都	扇田	扇田チャチャ	21歳♀
84	東京都	遠山	シルヴィー	21歳♀
85	東京都	沼﨑	クロ	21歳♂
86	東京都	よしこ	およよ	21歳♀
87	神奈川県	tenkomaru	てん子	21歳♀
88	神奈川県	やっちゃん	まい	21歳♀
89	神奈川県	辻	メルセデス	21歳♂
90	三重県	笠ふき	トト	21歳♀
91	千葉県	デビルママ	姫	22歳♀
92	東京都	ozakimay	ゆうこ	22歳♂
93	東京都	遠山	サヴォイ	22歳♂
94	東京都	中山	ヤン	22歳♂
95	東京都	ふじこ	まゆ	22歳♀
96	山梨県	はるか	オリーブ	22歳♀
97	大阪府	chacha	ぶっちゃ	22歳♀
98	東京都	内藤	ジャム	23歳♀
99	秋田県	小山	にゃんこ	24歳♀
100	東京都	ピープル江川	ビコ	24歳♀
101	東京都	フルシュカ	サーシャ	24歳♀
102	岐阜県	白狼	マリコ	25歳♀
103	千葉県	市川&伊東	ちたま	25歳♀

パート 1

君のことを教えて

名前から家族まで、ご長寿猫のキホン。

書肆 吾輩堂さん＆ゴンチャロフ
photo Hisomasa Otsuka

君のお名前は？（名前について）

まず、今回アンケートしたご長寿猫のお名前で一番多かったのは……、

一位　マイ（まい）（三匹）

で、以下はモモ、オリーブ、ミー、チビ、あんこ（アンコ）などがそれぞれ二匹で続き、その他はバラバラでした。

〝国民的猫〟と言われて思い浮かぶのは「サザエさん」のタマですが、意外にも今回はタマはなし。ただ字数では一位のマイを始め、モモ、メイ、マメ、タビ……と二文字が圧倒的で、これはやはり呼びやすさからでしょうか。

名前の由来も様々で、

マヤン「マヤ文明にちなんで」（カリフォルニア州・Kayokoさん）

モモ「その時読んでいたフランスの絵本に出てくる、架空の恐竜みたいな主人公の名前がモモでした。捻くれていて面白かったので貰いました」（東京都・岩瀬さん）

てん子「拾った当初は一人暮らしで、てんてこ舞いのてん子ちゃん。ご飯てんこ盛りのてん子ちゃん」（神奈川県・tenkomaruさん）

かなえ「中国の古い占いで鍋という意味です」（東京都・東海林さん）

いしだい「ブルース・リーの映画の台詞に登場する〝いしだい（という音が）

東海林さん＆かなえ

Kayokoさん＆マヤン

＝お師匠さま〟ということを知って、今後この仔猫から色々学んでいくだろうと思い、その名前をつけた」（東京都・栗谷さん）

けむりちゃん「生まれてすぐは、小さく汚れた灰色で、手の中で丸くなっていました。「毛虫みたーい！」「けむしじゃかわいそー」「じゃあ、〝けむり〟にしましょう」です。（東京都・栗谷さん）

ジャム「2ヶ月弱で家に来た時、E.T.みたいな顔をしていて、仔猫は、可愛いと思っていたが、まったく可愛くなく、シャム猫だったので、濁ってジャムになった。大きくなるにしたがい美猫になった」（東京都・内藤さん）

チョコ「生意気な仔猫でしたので、〝何をこのちょこざいな〟から付けました」（東京都・松田さん）

と様々。どの名前も出会った時の風景が浮かんできます。特にそう感じたのはこちらです。

元生《げんき》「元気に育って欲しいという思いから「げんき」ですが、長男の名前に「生」の字を使っていて、元生は、次男ということで、同じ「生」の字を使いました」（東京都・山中さん）

男の子、女の子？（性別について）

気になる性別ですが、１０３匹の内訳は、男の子35匹、女の子68匹と大差がつきました。

内藤さん＆ジャム

山中さん＆元生

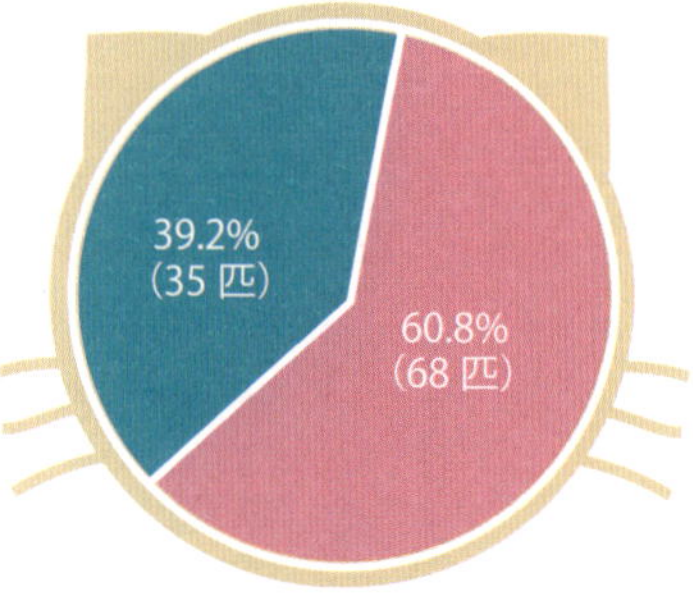

●メス
●オス

人間でも女性の方がご長寿が多く、「男性より女性の方がストレスに強い」とも言われることを考えると、猫界においても同じことが言えるのかもしれません。

君の猫種は？（猫種について）

では、猫種はどうかというと……。

圧倒的にミックスという結果です。

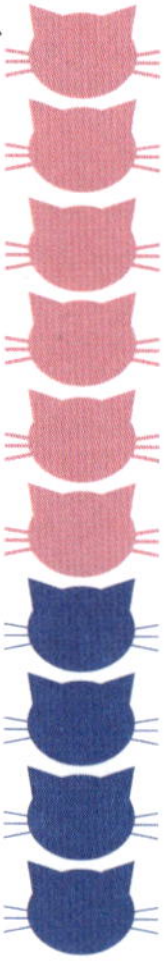

次点は（その他）を挟んでアメリカンショートヘア、以下、サイアミーズ、アビシニアン、ロシアンブルー、ノルウェージャンフォレストキャット……

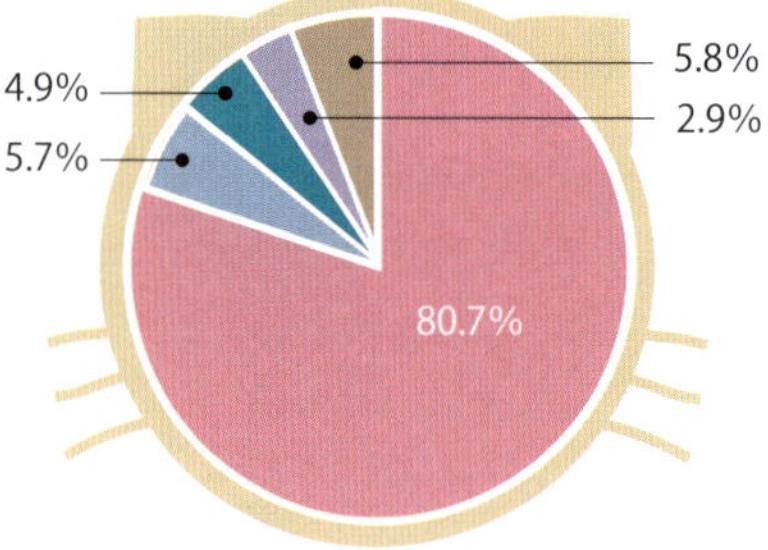

● ミックス
● その他（不明）
● アメリカンショートヘア
● サイアミーズ（シャム）
● （多い順に）アビシニアン・ロシアンブルー・ノルウェージャンフォレストキャット・メインクーン・ペルシャ・スコティッシュフォールド

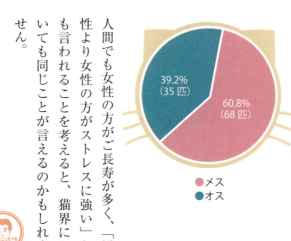

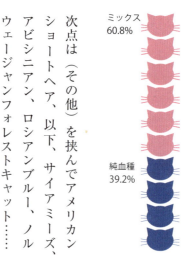

と、並んでいますが、今回のアンケートについて言えば80パーセント以上はミックスという結果です。

時折「ミックスの方が純血種より長生き」と聞きますが、この結果を見る限り、ある程度信憑性があるようにも思えますが、どうなのでしょう？

君の柄は？（猫の柄について）

猫種が分かったところで気になるのは、やっぱり柄でしょうか。一般には「三毛は長生き」と言われることもありますが、意外なことに今回の結果を見るとキジトラさんが一番、三毛さんは次点という結果になっています。

BEST 1	キジトラ	14.9%
2	三毛	11.7%
3	シロ 茶トラ	9.6%
5	シロクロ	7.4%
6	クロ グレー	各 6.4%
8	サバトラ	4.3%
9	茶シロ サバシロ	各 3.2%
11	キジシロ グレートラ グレーシロ	各 2.1%
14	クリーム サビ サバ茶 シロクロトビ キジサバ	各 1.1%
	その他、分からない	8.5%

インドア派？アウトドア派？
（猫の飼い方について）

猫と言えば、少し前まではご近所をウロウロしているのが一般的なイメージでしたが、世知がらい社会事情を考えると、室内飼いがベターと言えます。実際、今回のアンケートを見ると、

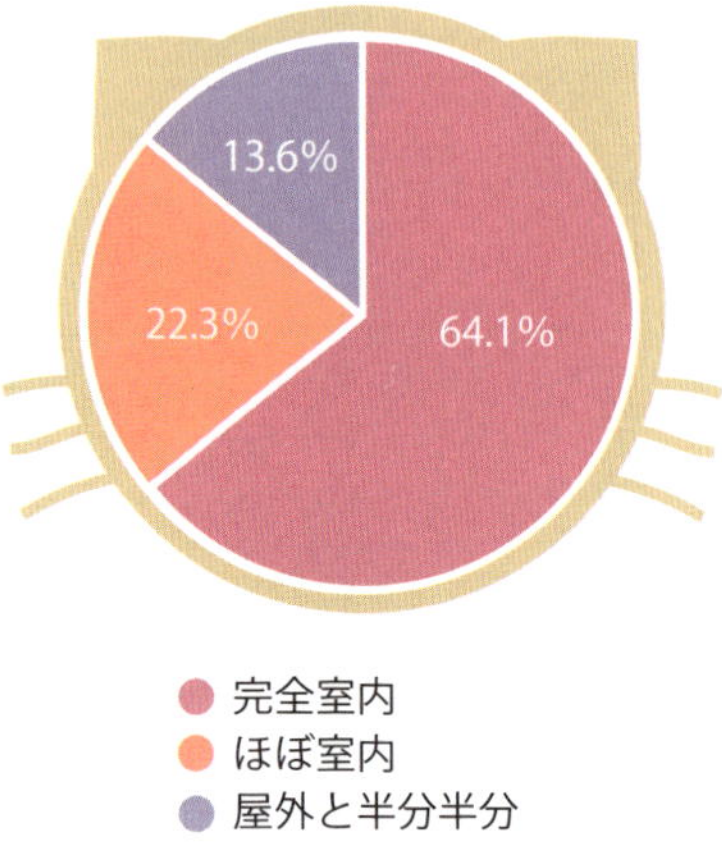

と、完全室内が圧倒的。ほぼ室内を加えると全体の86パーセント強が室内飼いという結果が出ました。

のびのびと外を自由に歩いている姿は猫好きには堪らない光景ですが、交通事故はもちろん、喧嘩による感染病のリスクなどを考えると、室内飼いはご長寿猫の重要なポイントと言えそうです。

なお野良猫の平均寿命は一般に4〜5歳と言われています。

君がお家に来たきっかけは？
（猫との出会いについて）

さあ、皆さんは一体どんな猫縁に結ばれているのでしょう？　気になる一位は〝拾い猫〟で、その出会いも様々。二位の〝その他〟はご近所さんや、もともと飼っていた先住猫の子どもが多

いようです。三位は〝知人の紹介〟で、以下ペットショップと続きます。

BEST		
1	拾い猫	36.9%
2	知人の紹介	22.3%
3	ペットショップ	7.8%
4	ブリーダー	2.9%
5	譲渡会	1.9%
6	公共の保護施設	1.0%
	その他	27.2%

アンケートを眺めると、出会いのきっかけはそれこそ様々。そのどれもにドラマと〝猫縁〟が感じられます。

なかでも印象的なのはこちらです。

隣のアパートに住む20代の男性が飼っていました。義理の母が庭に来る野良猫にいつも餌をあげていたので、そのなかに混じってよく我が家に顔を出していました。ある時、飼い主の不始末からアパートが火事になり　我が家に3匹の子供たちと避難してきましたが、飼い主はそのままどこかへ行ってしまいました。（東京都・広瀬さん＆トラヴゥ）

元の飼い主さんのその後が気になるところです……。

この他にも様々なエピソードを頂きましたので、次の頁でまとめて皆さんの声をご紹介しましょう。

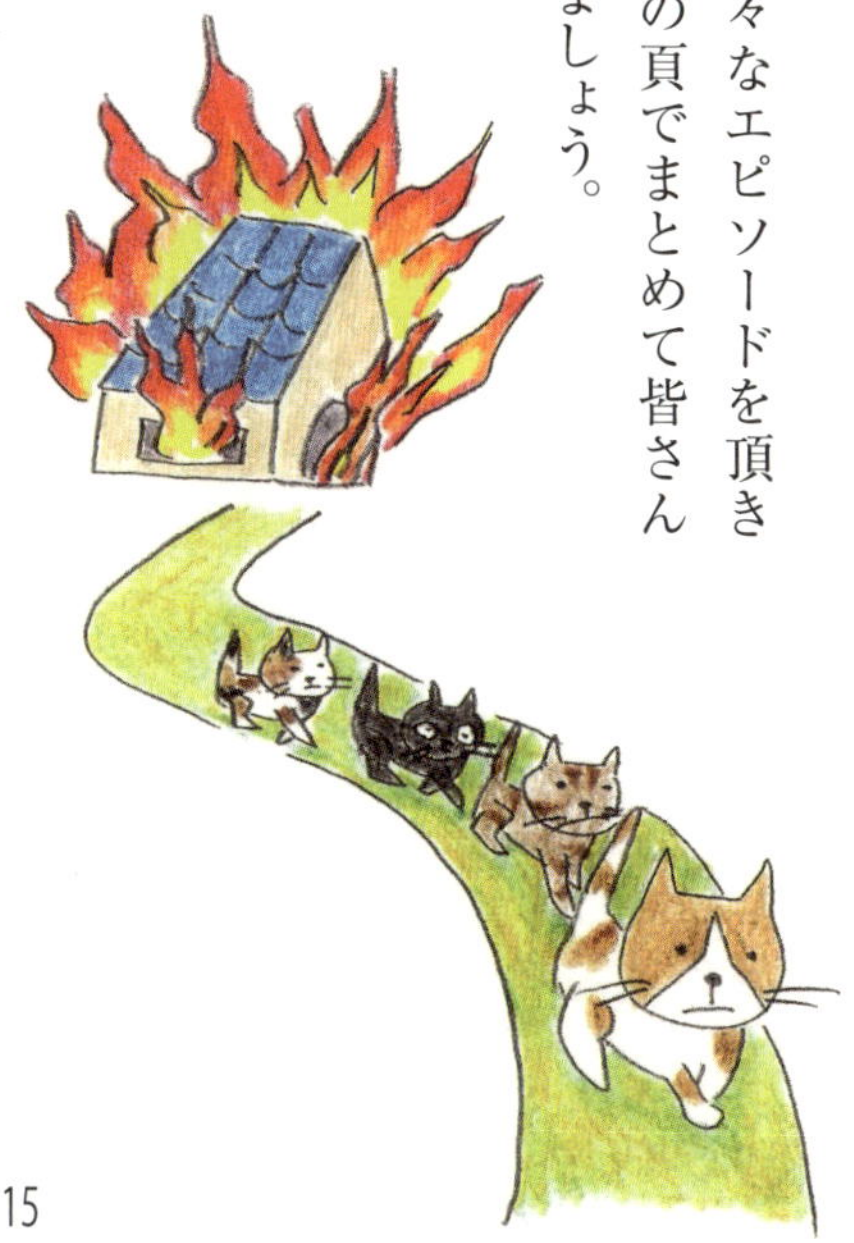

ご長寿猫との出会いは様々！

出会いは駐車場。猫のために一軒家へ！

当時勤めていた会社の駐車場で、一匹で鳴いていた。翌日から3連休だったため、仕方なく私の家で預かった。里親募集をして候補も見つかったが、すでに情が移って手放せなくなってしまい、里親候補の方には別の三毛猫を探して斡旋。賃貸ではまずいと中古の一軒家を買って引っ越した。

（千葉県・中島さん＆なあな）

なあな

聖夜の奇蹟

クリスマスの夜、仕事中の車の下で発見。捕まえて車に乗せ、連れて帰り飼い主を探したが見つからなかったので、飼うことにした。

（千葉県・市川＆伊東さん＆ちたま）

まず契約

ある日、マンションの玄関で出会いました。「病気はしないでね、医者には連れて行かないよ」という契約のもと、家族になりました。

（東京都・山中さん＆元生）

九死に一生

真夏の炎天下の駐車場に、発泡スチロール箱に入れられて、生後2週間で捨てられていた。近寄ると必死に私の足によじ登り離れなかった子です。

（埼玉県・真知子さん＆ちゃちゃ）

ちゃちゃ

沖縄から来た神猫？

沖縄へ旅行に行った際に、野良のシャム猫がいると聞いて行ってみたところ、育児放棄で痩せこけた仔猫を発見。家には先住猫さんがいたのですが、〝なんとかなる〟と拾ってきちゃいました。

その仔達はシャム母さんのブルーアイにピンクの毛色で、神様の贈り物と思ってしまいました。後で分かったのですが、ピンクの毛は沖縄の赤土にまぶさっていたようで、洗ったらまっ白ちゃんでした。

（東京都・小ちえさん＆シーちゃん）

酔っ払った帰り道

夜中、お酒を呑んだ帰り道、野良猫の家族と黒い固まりを発見。よく見ると小さな黒猫でした。体が弱かった子をママが育児放棄したのだと分かり、酔っていた私は突然正義感を発揮し、手にしていた紙袋に黒い仔猫を突っ込むと、近所にあった知り合いの動物病院に「たのも〜！」と乗り込みました。２日間入院の後、会いに行ったら、黒猫ではなく綺麗な茶トラの仔猫がこっちを向いてました。それが出会いです。その後ミルクから育てました。

（東京都・おかさん＆いくら）

ネズミ捕りに猫が！

勤め先のネズミ捕りに引っ掛かっていました。たまたま管理部を通りかかった私が、ずーっと鳴いているトリモチでベタベタの可哀想な仔猫を見てしまい、そのまま連れて帰りました。動物病院に行って、ハサミでチョキチョキ、二時間くらいかけて少しずつ毛を切ってもらってもベタベタでした。

（東京都・桂さん＆さくら）

彼と別れて猫が来た

当時お付き合いをしていた方と猫を一緒にお別れをし、それをかわいそうに思った知人が、私のところに連れて来てくれました。抱っこしたらすぐに肩の上まで駆け上り、元気に「にゃーにゃー」叫びまわり、その後鏡を見て「ふーっ！」と自分を威嚇したりして、とにかく元気いっぱいの子でした。（神奈川県・ねろたんさん＆ねろ）

ねろ

博多駅での出会い

出張帰りの夫を迎えに行った博多駅で出会いました。中央改札口の前の柱の陰で小さいのにたった一匹で正体もなく眠るそのあどけなさに心を打たれ、当時アパート住まいだったのに連れて帰ってしまいました。その後我々は猫を飼える一軒家を借り、最終的には現在の家に落ち着きました。

（福岡県・書肆　吾輩堂さん＆ゴンチャロフ）

さくら

一晩だけのつもりが……

道端で拾って一晩だけ泊めてあげようと思ったんですが……。(そのまま22年です)

(東京都・中山さん&ヤン)

ヤン

いけねこ?

関西のブリーダーから空輸してもらいました。荷札に「活猫」と付いていました。

(東京都・小麦さん&小麦)

チビ

その寝姿に……

それまで長年犬派だった我が家に、母が「とにかく一回家で預かってみて」と知人に言われて連れて帰った仔猫。まだ本来は親から離すべきでないほど小さすぎた彼女は、寒かったその日、お茶を入れた急須にピタリと身を寄せ、立ったままスヤスヤ眠ってしまいました。その可愛らしい姿を家族全員が息を呑んでずっと見守り、すっかり惚れ込んでしまって飼うことを決断しました。(東京都・遠山さん&シルヴィー)

きのこ採りが猫採りに?

亡き夫と二人で山にきのこ採りに行った時、しげみから3ヶ月くらいの仔猫が現れて付いてきたので、きのこも採らずに連れ帰りました。人に馴れていたので恐らく捨て猫だったのだと思います。主人とは「きのこのつもりが、猫採りになったね」と笑って話していました。

(青森県・樋口さん&チビ)

震災後の出会い

震災後の神戸、2号線の交差点をちょこちょこ歩いていたのが〝ちょび〟です。見つけた夫は信号で止まると同時に拾いに行き、その日は懐に入れたまま仕事をしました。

(大阪府・中谷さん&ちょび)

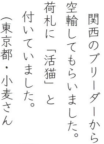

のんきに寝ていた仔

それ以前に飼っていた猫があまりにやんちゃだったので、「次は大人しい猫を」と思っていました。ペットショップに並んだゲージの奥で一匹ののんきに寝ていたのを見て「あの奥の猫は大人しそうだ」そう思い、飼うことにしました。

（東京都・大竹さん&あびび）

菊ちゃん

息子が連れて来ました

菊ちゃんの生まれは1993年春の東京・吉祥寺です。長男が雨の日学校の植え込みの中にいる菊ちゃんに出会い、賃貸の自分の部屋で育てていたそうです。その後、大家さんに見つけられて、遠く離れた大阪の我が家に来ました。その夜は息子の寝ている傍らから離れず不安そうでした。東京へ帰って行く息子を私に抱かれて見送っていた菊ちゃん。今でも覚えています。

（大阪府・田代さん&菊ちゃん）

ウマがあった

当時私は書籍の編集者で、その頃、キャットシッターの南里秀子さんの事務所に出入りしていた時に〝まゆ〟と出会いました。〝まゆ〟はその頃で18歳ぐらい。すでに長寿で、引き取り手がなかなか見つからなかったのですが、なんとなく私とはウマが合うような気がして、思い切って彼女を引き取りました。

（東京都・ふじこさん&まゆ）

小さな侵入者

最初は会社のそばに住む野良猫で、通りすがりに撫でたりしていました。ある日気づくと1階にある弊社のオフィスを覗いていて、そこからオフィス猫デビューしました。夜中にセキュリティに反応して、警報の理由に「小動物侵入」とよく書かれていました。

（東京都・萩原さん&ハナ）

Column

オスよりもメスが長生き？

長寿猫は6対4でメスが長生きです。人間はどうかというと、厚生労働省※によると日本人の１００歳以上の高齢者の比率は男性約７，８００人に対して女性約５３，０００人、つまり約7倍です。平均寿命も女性の方が長く、しかもこれは世界的な傾向であると言われています。ここまで来ると、猫の長寿もメスが断然有利であるという確証になります。まるで逆ジェンダーとも言えそうです。

この差はとても気になります。何がそうさせているのか、オスの体格はメスに比べて一回り大きく筋肉質であることは皆さんご承知だと思います。そして好奇心旺盛で活動量も多い。一方メスは遊んでいてもすぐに寝転ぶなど慎重でおとなしい。こうした理由によりメスの方が基礎代謝が低く抑えられることによって、老化を促す活性酵素ができにくくなることが、メスの方が長寿である理由の一つと考えられます。

また猫のうたた寝は、エネルギーの消耗を抑える猫の得意技。少ないエネルギーで生きていくことこそが長寿の秘訣なのです。ということは、静かにしているメス猫こそが長寿の可能性を秘めていると言えます。

※厚生労働省 平成27年発表

ミックスの方が長生きとは言えません

「雑種（ミックス）は丈夫で純血種は虚弱で短命」というのは都市伝説ではないかと思うほど流布されていますが、純血種の猫であっても寿命をまっとうしています。恐らく犬でもそうですが、一部の品種に特異的疾患があることが、誤解されて広まり、〝雑種は強い〟という楽観的なバイアスが働いているのだと思います。

確かに12頁のアンケート結果を見ますと雑種猫が圧倒的に多いのですが、それは飼われている猫全般に雑種が多いためで、その割合自体は、雑種も純血種も同じと考えられます。むしろ純血種の猫も長寿であることに注目してほしいところです。

長寿に影響を与えるのは、性別や種類ということだけではなく、大切なのは環境の変化に影響を受けにくいということです。つまり飼われている環境にいかに適応して暮らしているかということであり、それは〝飼い主と一緒に猫が穏やかに暮らせているか〟、〝栄養が十分に摂れているか〟、そして〝猫の居場所があるか〟ということです。また、これらの要素がバランスよく行き届くためにも飼い主であるあなたの健康も重要であるということです。

君は幾つ？
（アンケートの猫の年齢について）

今回のアンケートは、「はじめに」で書いたとおり、「生没を問わず18歳以上」が条件でしたので、こちらの結果には故猫※さんと現役猫が混ざったものとなっています。

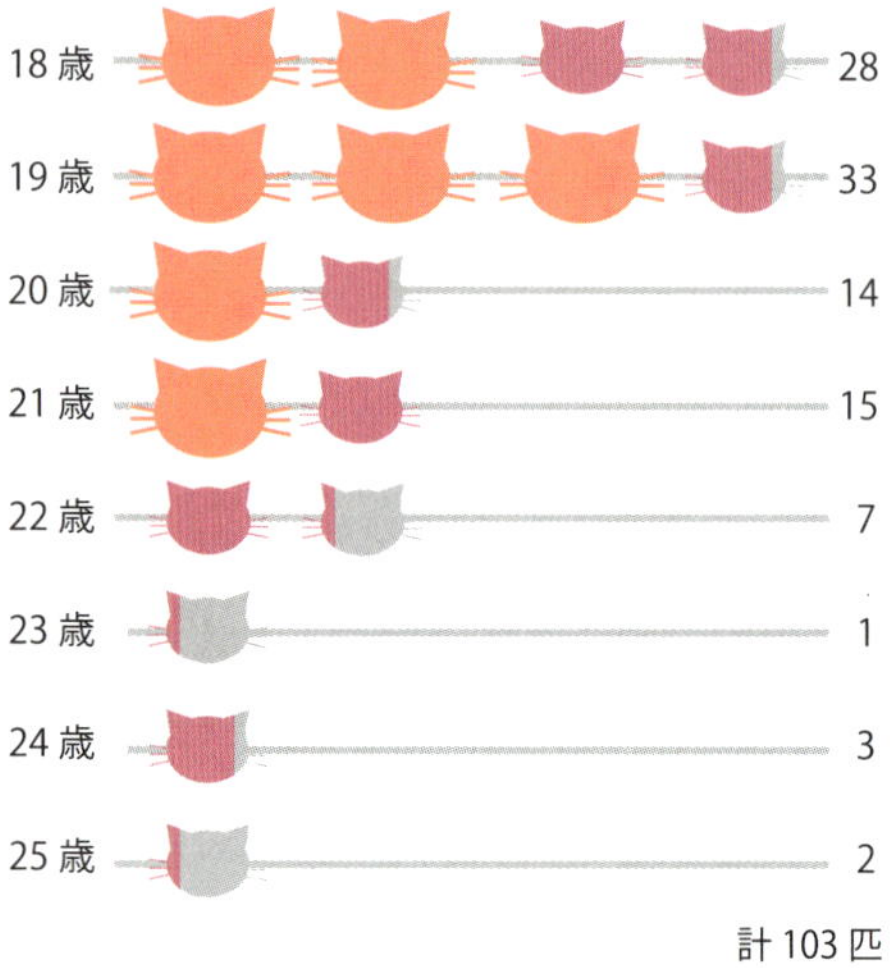

一番多かったのは19歳で33匹。以下は18歳28匹、21歳15匹と続きます。

気になる最高齢は25歳、マリコちゃん（岐阜県・白狼さん・♀）と、今回カバーを飾っているシンボルご長寿猫のちたまちゃん（千葉県・市川＆伊東さん・♀）25歳です。

ちたまちゃんはこの企画が始まるきっかけになった猫でしたが、残念ながら2015年冬、虹の橋を渡って行きました。この本の出版が間に合わず本当に残念ですが、25歳の素敵な猫生を愛でるとともに、改めて感謝します。

さて、室内飼いの猫の平均寿命は年々伸びていて、現在は15・75歳（平成27年日本ペットフード協会調べ）だそうです。

ちなみに公式にギネスに載っている

ご長寿猫の記録はなんと30歳！　アメリカのスクーター（Scooter）ちゃんです。残念ながら30歳の誕生日を迎えた数日後に虹の橋を渡ってしまったそうですが、これはやはりスーパー大往生でしょう。

あれはした？（去勢・避妊について）

室内飼いが中心になりつつある今では、猫を飼う際の常識となりつつあるのが去勢です。

アンケートの結果を見ると、90パーセント以上が去勢済みという結果になりました。また去勢の時期については約75パーセントが1歳までで、それ以外は野良猫を保護したため時期が遅くなったというものがほとんどです。

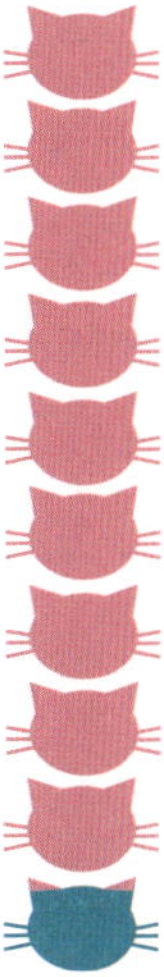

現実的に室内飼いが中心で、多頭飼いが難しい環境が多いことを考えると、これは順当な結果と言えそうです。

※この本の中では、虹の橋を渡った猫のことを“故猫”と呼びます。

市川＆伊東さん＆ちたま

君はどんな性格？（猫の性格について）

仔猫の頃と歳を取ってからでは性格や活動も当然違いますので、こちらは全般的な性格ということで伺いました。沢山頂いたお答えをまとめて並べたものがこちらです。

一位は他を大きく引き離して〝甘えん坊〟。

BEST 1	甘えん坊
2	お利口
3	好奇心旺盛 活発
5	人が大好き
6	のんびり屋
7	狩りが上手 穏やか
9	他の猫は嫌い　やさしい 神経質　プライドが高い

「甘えん坊さん。とにかく大人しい。よーく言うことを聞いてくれるおりこうさん」（愛知県・金子さん＆ミー）

「超甘えん坊」（神奈川県・船越さん＆たどん）

「人が大好き。甘ったれ」（東京都・asamiさん＆ウメ）

「とても活発で感受性の豊かな子でした。甘えん坊でした」（静岡県・kazuさん＆シルバー）

「いわゆる三毛らしい三毛。すなわち、気が強く独立心が旺盛。孤高で気むずかしい反面、ただ一人の人間にはとことん甘える。若いころは界隈のナンバー

asamiさん＆ウメ

3くらいの地位にはいた様子。姐御肌で喧嘩好き」（千葉県・中島さん＆なあな）

と、プライドが高くクールなイメージの猫ですが、ご長寿猫を見ると意外なほど〝甘えん坊〟が多いようです。

面白かったのがこちら、

「プライドが高く向こうっ気が強いので、構って欲しい時は人目のないところへ誘導する」（三重県・笠ふきさん＆トト）

「ちょっとこっちにきてよ！」と、笠ふきさんを呼んでいる姿が目に浮かんで面白いですね。

どんなお家に住んでるの？
（住環境について）

やっぱり気になるのは住環境。

アンケートのお答えを見ると、一位は一戸建て（持ち家）、二位はマンション（持ち家）と、やはり家主さんに気兼ねなく飼える環境が多いことが分かります。

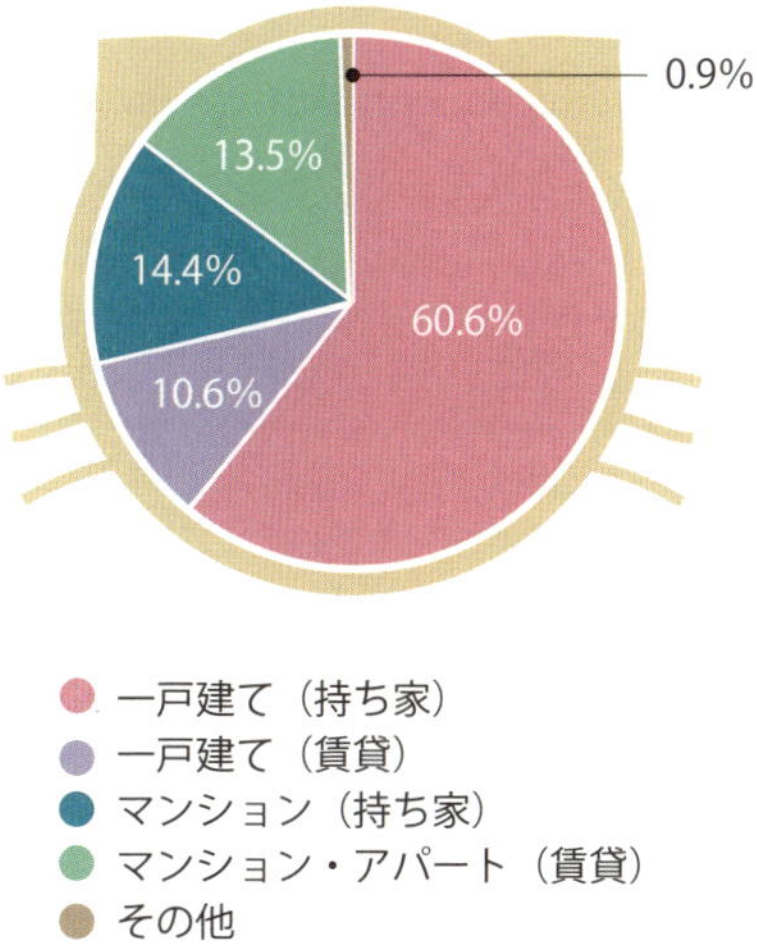

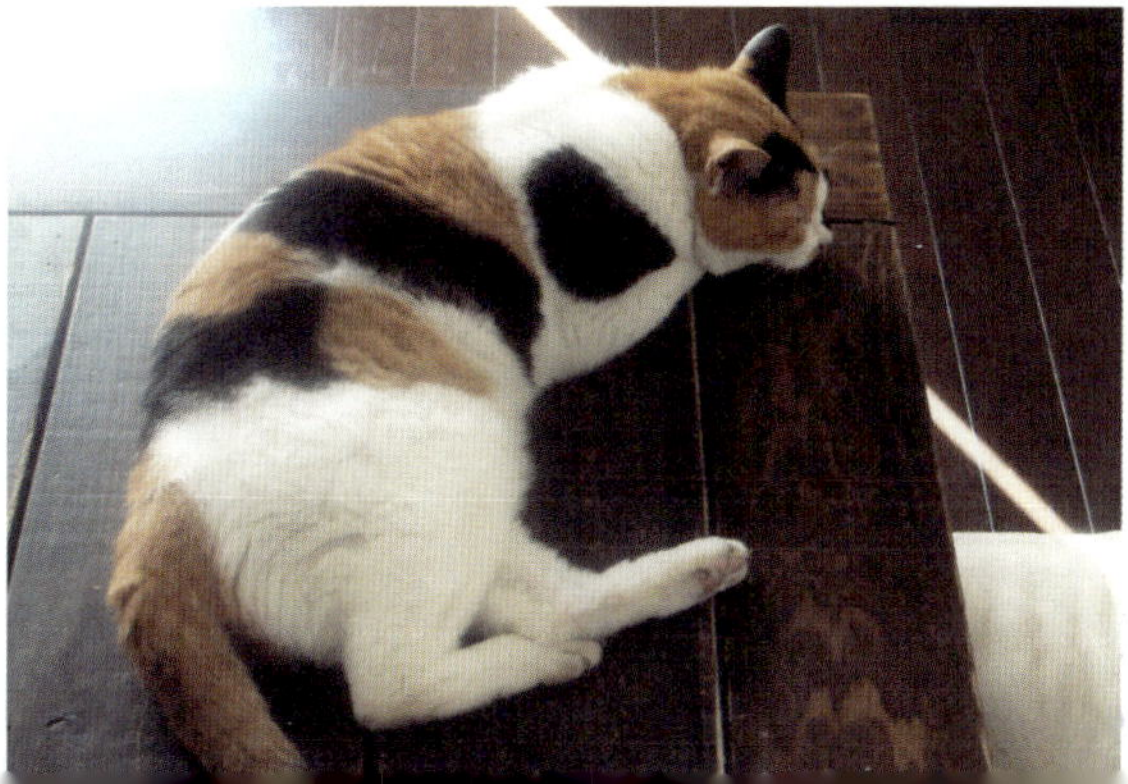

中島さん＆なあな

アンケートに、「猫と出会って一戸建てに引っ越した」というものがあるのも、日本の猫を巡る賃貸事情が窺われます。

ただ、こうした賃貸事情も徐々にですが変わりつつあり、最近では保護猫活動の一環として、〝猫付きマンション〟、〝猫付きシェアハウス〟なども登場しています。

また一般の賃貸物件でも、〝ペットOK物件〟も増えていますので、猫と一緒に暮らせるお家は増えつつあるようです。

君の〝人〟家族は何人？
（ご家族の世帯構成について）

ではご長寿猫と一緒に暮らす人間側の世帯構成はどんな具合でしょう？

一番多いのはお二人で、以下、一人、三人、四人……と続きます。

BEST		
1	二人	40.2%
2	一人	20.6%
3	三人	16.5%
4	四人	12.4%
5	五人	5.2%
6	七人	2.1%
7	八人 六人 それ以上	各 1.0%

とは言えこちらはあくまでも〝現在の状況〟です。仔猫の頃には一緒に住んでいたお子さんが成人して家を出ているケースも多いので、〝ここが丁度良い人数〟ということではありません。

この結果から見えてくるのは、のんびり過ごすご長寿猫と、それを囲む少し静かで、温かなご家族の姿ではないでしょうか。

お家にルールはある？（しつけについて）

こちらは半数近くが「何もしていない」で、「しつけをしている」というのも、ほとんどは「食卓に上がらない」くらいのようです。

一般に「猫はしつけができない」と言われますが、トイレについてはほとんど自然に覚えてくれるので楽と言えるかもしれません。

また、あまり細かいことを猫に押しつけず、お互いに無理のない範囲で暮らしている雰囲気が伝わる結果と言えそうです。

そんななかでも面白かったのはこちらのお答えです。

ないです。以前、「ごはん」って話せるように教えたら、本当に「ごはん」と言うようになったので、人として怖くなってやめました。（千葉県・市川＆伊東さん＆ちたま）

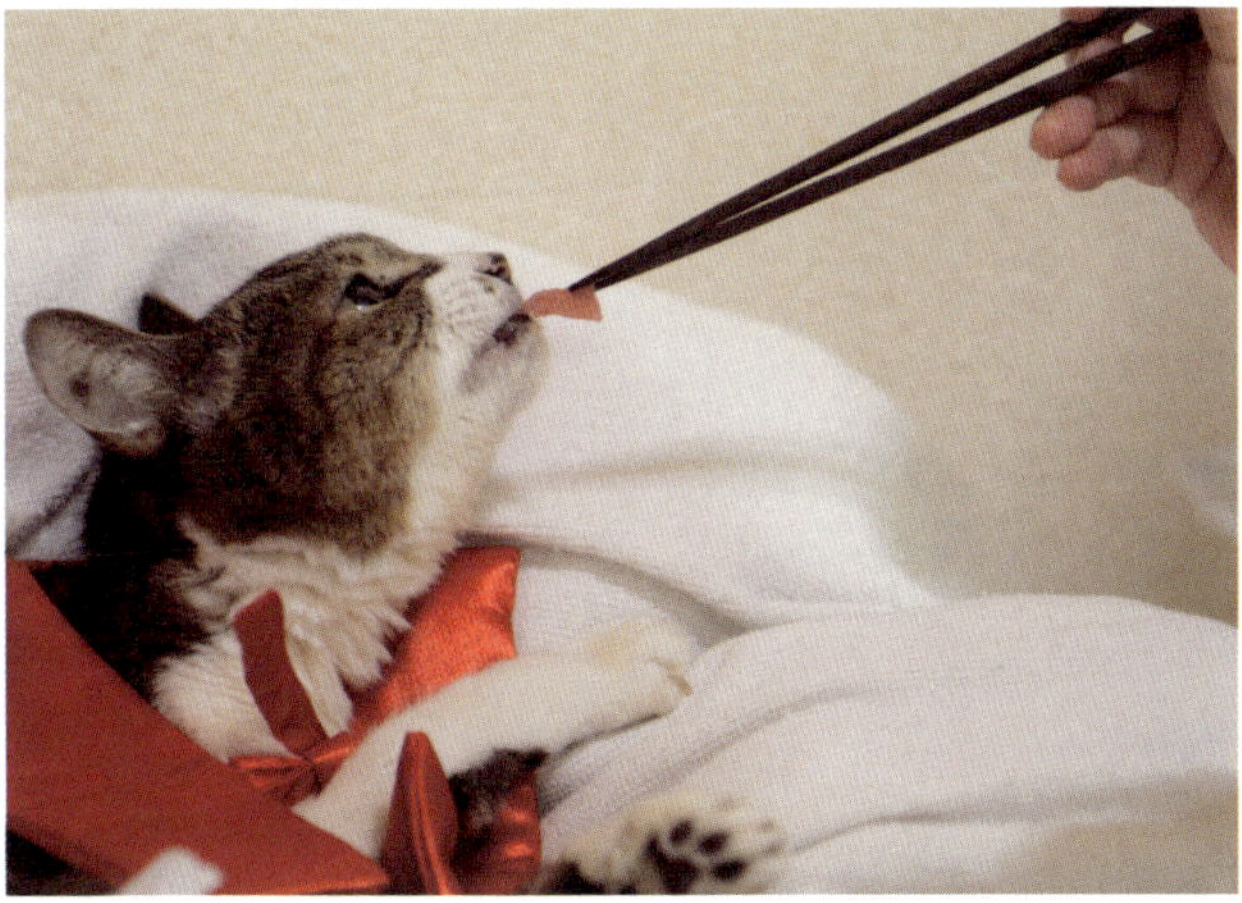

市川＆伊東さん＆ちたま

君の〝猫〟家族は何人？
（多頭飼いについて）

こちらは多頭飼いについての質問です。「猫はもともと単独行動を好むので、多頭飼いは向かない」と言われることもありますが、今回のアンケートの結果を見ると、単独が52匹、多頭飼いが51匹と、ほぼ半々という結果になりました。

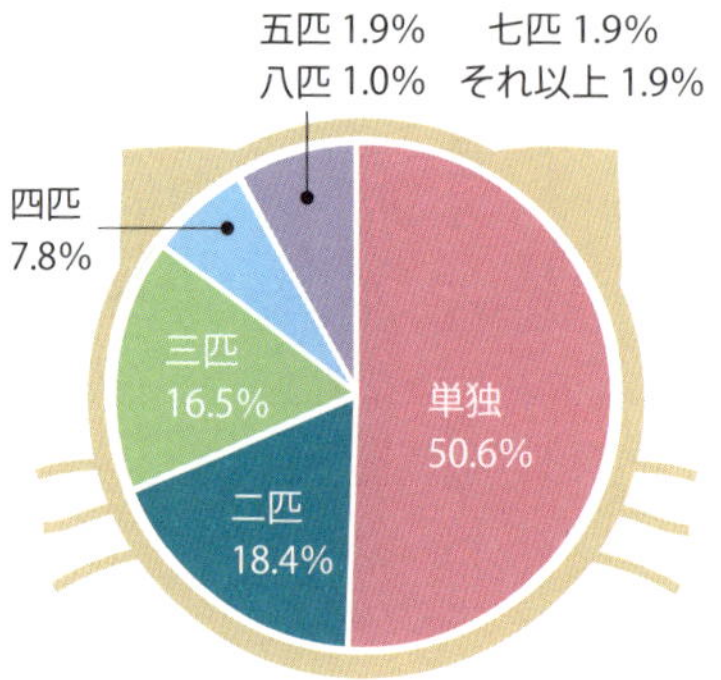

この結果を見る限り、ご長寿については単独・多頭の差はあまりないと言えそうです。

また、興味深いのは、多頭飼いのお家で、〝揃ってみんながご長寿猫〟のケースが多いことです。

例えば、遠山さんのお家は三匹、サヴォイ（22歳）、シルヴィー（21歳）、ティッタ（20歳）と、揃ってご長寿で、「猫はそのくらい普通に生きるものだと思っていました」と言うほど。

親猫二頭を含む七頭飼いだった稲田さんのお家の三匹、グレイ、オリーブ、ルナは揃って18歳、進藤さんのお家の三匹は、マイ（19歳）、メイ（19歳）、マメ（18歳）、おかさんのお家は5歳を含む三匹のうち、いくら、ぽちともに18歳です。

遠山さん＆ティッタ、サヴォイ

こうした多頭飼いでのご長寿猫の数を集めると、全体の103匹中、18匹となります。

「兄弟姉妹だから揃ってご長寿なのでは？」と思われる方もいるかと思いますが、必ずしもそうではありません。

確かに稲田さんのお家の三匹は兄弟猫ですし、進藤さんのお家のマイとメイも姉妹ですが、マメとは血縁関係なし。その他のお家はいずれも猫に血縁関係はない〝他猫〟です。

また、今回の18歳とまではいかないまでも、同居の猫が15歳を越えるケースも多く、例えば東京都のSさんのお家は、ご長寿猫のくろさん（18歳）をはじめ、17歳、16歳×二匹、15歳とご長寿猫が続き、さらには4歳×2、2歳半、10カ月と、幅広い年齢となっています。

ご長寿と多頭飼いには関係があるのか、気になるところです。

稲田さん＆アイ、グレイ、マイケル、オリーブ、ルナ（上から。※五人兄弟です）

進藤さん＆マイ、メイ

仲良くやってる？
（多頭飼いの相性について）

多頭飼いで気になるのが猫同士の相性ですが、一番多かったのは〝普通〟で、

付かず離れず　猫同士お互いを尊重した関係でした。（東京都・宮田さん＆コロ＆モモコ）

に代表されるように、このケースの場合は、自然に適度な距離をお互いにとっているようです。

もちろん仲が悪いケースもあり、

先にいた猫を、どうしてもいじめてしまうので、家の一階と二階に分けて飼っていました。（東京都・望月さん＆ショコラ＆モカ）

と、苦労が偲ばれます。

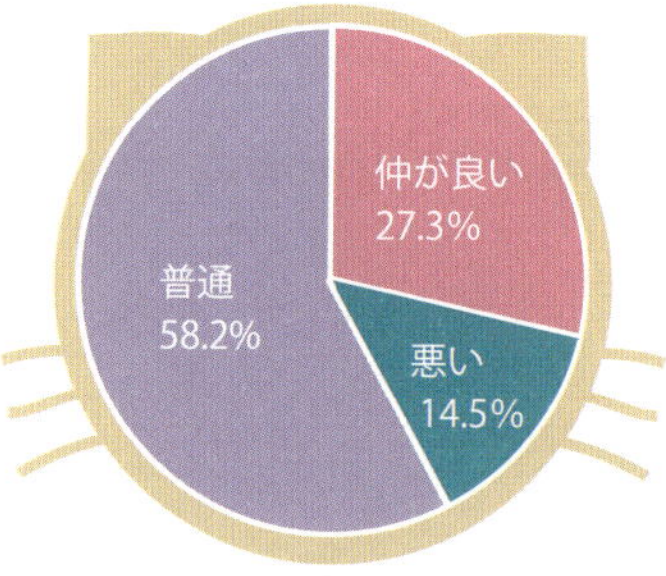

多頭飼いのご飯のあげ方は、「時間を決めて」「欲しがったら」「ドライフードを置いておく」など様々でしたが、器についてはほとんどの方が「それぞれに別に」というお答えでした。

くりぼうさん＆ミー（写真下）

仲の悪い彼（彼女）とはどうしてるの？

では、どうしても仲が悪い猫の場合どうしたらいいのか？

代表的なお答えは、

それぞれのなわばりを別に作る。同じ空間でも、上下で区別をつけてベッドを置くなどすれば、住み分けられる。無理に仲良くさせないのがコツ。（千葉県・中島さん＆なあな）

ベッドを別々に離して置き、焼き餅を焼くことがないように同等の扱いをしました。（千葉県・こたママさん＆こたろう）

お互い一人になれる場所を作る。（大阪府・川田さん＆タビ）

という感じで、まとめると、

ポイント

一人になれる場所を作る。
それぞれにスキンシップを忘れない。
無理矢理仲良くさせようとしない。

と言えそうです。また〝物理的に分ける〟という意見も多く、八匹を越える保護猫と暮らすくりぼうさんのお家では、

全員ケージで過ごすことに慣れさせているので、相性の良い猫同士の組合せで、適宜メンバーをケージで入れ替えて表に出すことで、お互いに干渉することなく、かつストレスなく過ごしてくれているのでは、と思います。（静岡県・くりぼうさん＆ミー）

というお答えもありました。

宮田さん＆モモコ

川田さん＆タビ

おーい!
ただいま〜〜

おうちの1階と2階で
住み分けている猫さんもいます

ベッドは別々に
しかも
少し離してあげると
いいようです
ひとりで のびのびできる
空間をつくって
あげましょう

仲良しも、そうでない猫も……

多頭飼いを楽しむコツ

長毛猫さん
3匹のお食事
フワフワすぎて
なにがなにやら。。。
エサは別々の器に分けましょう

ケージにはいろんな種類が
あります。
猫さんの大きさなどに
合わせて下さい。
相性のいい猫さんを
同じケージに。。。
相性の悪い猫さんは
外に。。。

Column

猫の平均寿命が延びたわけ

猫の平均寿命は調査の度に上がっています。近年平均寿命が15歳を超えたことは立派な快挙です。この数年の統計では毎年0.2歳ずつ延びている計算ですが、これは多くの猫が室内飼いに移行されつつあるという、飼育環境が大きな要因を占めていると考えられます。何故なら自由に外に出られる飼い猫と、室内だけの猫とでは約2.2歳[※1]、平均寿命が4～5歳と言われる野良猫[※2]と比べると実に10歳以上の差があるからです。その差は事故、感染症など様々な要因があるでしょう。

寿命が延びた理由はこの他にもバランスのとれた総合栄養食、獣医療の進歩もあるでしょう。なかでも最も大きく変化したのは、これらを活用した飼い主さんの意識、猫と楽しく暮らす努力の結果だと思います。やがて平均寿命も16歳に達することでしょう。また同時に日本人の平均寿命が延びていることを考えると、猫と人間の暮らし方も、新しい時代を迎えようとしていると言えるでしょう。

猫の去勢

猫の避妊・去勢手術は飼う上での変容を求める、まるで通過儀礼（イニシエーション）のようなものです。その手術の適正時期は生後6ヶ月齢から1歳齢で行うのが相応しく、尿路形成が不十分な早期の手術は好ましくありません。長寿猫の75パーセントはこの時期に実施されており、91・3パーセントが去勢済みでし

※1　一般社団法人日本ペットフード協会「平成27年　全国犬猫飼育実態調査」より

※2　最近では去勢をした上で、地域全体の猫として餌をもらう“地域猫”も多く、いわゆる野良猫は確実に減ってきています。こうした猫は餌をしっかり食べているので、外の猫も高齢化しつつあると言えます。また、ボランティア活動によって野良猫社会も変わってきました。

た。またメスではこの頃から発情が見られるので、この時期に手術を実施するのが相応しいです。

去勢したオス猫は、長所として気持ちも穏やかになり、喧嘩と逃走が激減するので飼いやすくなります。ただ猫自身が自分の体をどう思っているのかを考えると切なく感じるところです。でもそれは数千年という年月で順応してきたイエネコの宿命であって、室内飼いが中心となりつつあることや、猫の殺処分の問題などから考えても、この通過儀礼と言うべき避妊・去勢手術は必要不可欠なのです。

猫の性格

なにをもって猫の性格とするかは難しいところですが、面白い分け方があります。それは特定の猫の性格を、毛色と種類で分けられるという説です。例えば黒猫は友好的、白猫は賢く神経質、黒白は温和、白黒は従順だが気が強い、三毛はお転婆だが扱いやすい、サビはマイペース、茶トラは明るくて甘えん坊……、などを類型した統計的手法です。もちろん必ずしも特定できるものではありません。

言葉を持たない猫ですが何を訴えているか、どういう感情かは、耳、尻尾、姿勢から読み取れます。また喃語《なんご》というべき猫の発声や声量でも分かります。特徴的なのは威嚇で身構えた低い姿勢でしょう。つまり猫でもそれぞれに特性＝性格があり、笠ふきさんのトトさんのように性格を如実に表す猫もいるわけです。

猫の多頭飼い

猫の多頭飼いは一般に問題があると言われますが、何が問題なのでしょうか？それは猫は単独生活を好む動物なので複数の猫の存在はストレスになる、あるいは折り合いが悪い場合には猫の生活に支障をきたすことがあるからです。

確かに個体によっては、住み分けをしなければならない場合があります。そのような場合は「その猫の居場所を確保してあげてください」と診察室では話します。居住空間やその猫の性格にもよるのですが、気に入らないと当て付けの粗相をしたり、ストレスから病気になると考えられています。

ただ今回のアンケートの結果を見ると、必ずしも多頭飼いが長寿を否定する要素にはなっていないようです。ということは、飼い主がどれだけ一匹一匹の猫のストレスをなくす暮らしをさせてあげているかが、重要なことが裏付けられたと考えることができます。

もし多頭飼いになるなら、キーワードは先住猫の心情です。情緒的に不安定になるなら気の毒です。威圧的になったり粗相して感情を出すならまだしも気を使ってしまう猫もいます。無理な多頭飼いが不衛生から崩壊することは少なくありません。まず相性を見て、猫も人間もストレスにならない生活環境を第一に考えてあげてください。

パート2

君の好きなものはなに？

食べ物から、お水、トイレ、ブラッシングまで。

三ツ井さん＆うみちゃん

君のご飯はなに？
（普段の食事について）

結果は次の通り。こちらは複数回答ありでお答え頂いています。**トップはドライフード**で次にウェットフード、療法食、手作り、その他と続きます。

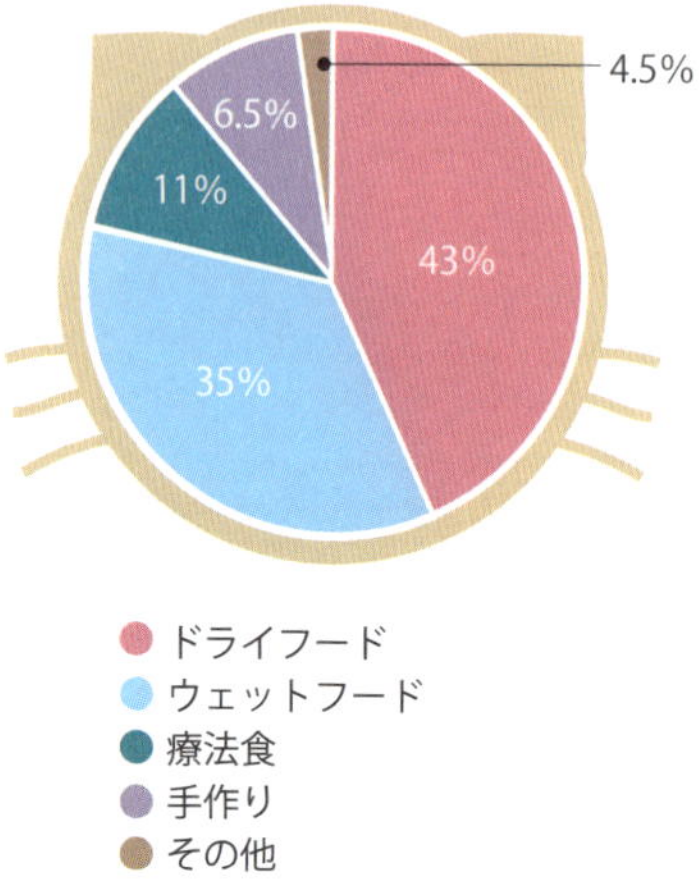

手作りとお答え頂いた方の、ベスト3は、

1 ささみの茹でたもの
2 焼き魚（素焼き）
3 刺身（まぐろ、サーモン）

となっています。

君のスペシャルご飯はなに？
（嗜好品・好物について）

こちらは予想どおり、鰹節がトップという結果になりました。

BEST 1	鰹節
2	乳製品
3	魚のお刺身（まぐろ、サーモンなど）
4	焼き魚（天然鮎、アジの干物、鰻、サバなど）
5	鳥のささみ

しくさん＆ジョー

意外だったのが、お刺身を抑えて2位の乳製品です。内訳は、牛乳、チーズ、ヨーグルト、猫ミルク、バター、生クリーム、カスタードクリーム、スジャータ（コーヒークリーム）、アイスクリーム、と様々です。乳製品ならなんでも食べるというわけではないのですが、生クリームが大好きで、

アイスクリームや、お嫁さんの作るケーキを食べている時は、よじのぼって食べようとしていました。（東京都・よし子さん＆およよ）

というお答えも寄せられました。

定番のお刺身では、

お土産でマグロの刺身を持って帰ったら、家内がジョーを見て「なんか、目がウルウルしてない？」と。一切れあげて、食べ終わって顔を上げた拍子に瞳から滴が！　泣くほど喜ばれました。（愛知県・しくさん＆ジョー）

よっぽど欲しかったんですね……。

その他にも、海苔（9票）、煮干し（6票）などに混じり、納豆（3票）というお答えもありました。

猫とつき合う中でよく悩むのが、こうした嗜好品的な食べ物を与えるかどうかです。健康面から考えれば、〝避けるべきもの〟なのかもしれませんが、私たち人間も、「身体にあまり良くない」と知りつつも「食べると元気になるもの」に心当たりの方は多いでしょう。

こんなお答えも頂いています。

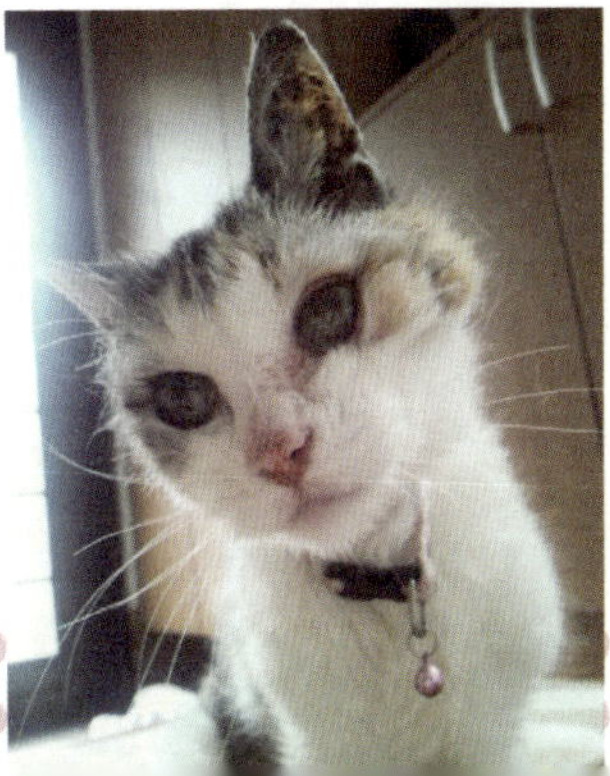

よし子さん＆およよ

ずっと手作り餌をあげていたけれどそれほど好きではなかったようです。高齢で腎臓病になったので17歳の時に完全療法食（市販）に変えました。療法食と薬で劇的に良くなったので手作りの餌は止めました。手作りでも結局腎臓病になったし、残り少ない人生、喜ぶ物をあげたいと思い、市販の喜んで食べる物も併せてあげている。（東京都・栗谷さん＆いしだい）

猫のストレスを考えれば、やっぱり与えないほうが良いのか、悪いのか？大変気になるところです。

また、ご飯をあげる上での苦労や注意を伺ったところ、こちらも様々な答えを頂きました。

一番多かったのは、

飽きないように、いろんな種類の缶詰を与えている。（静岡県・小池さん＆ミュー）

をはじめ、〝飽きないように気をつける〟でした。

一方で、

好き嫌いなくなんでも食べてくれました。（東京都・岩瀬さん＆モモ）

というお答えも意外に多く、やはり猫の性格で様々と言えるようです。

以下に、参考になりそうなお答えを、まとめてご紹介します。

メインはドライで、おやつ感覚でウェット。ウェットは、飽きないようにパウチと缶詰を定期的に交換したり、冬場

岩瀬さん＆モモ

は少しぬるくしたり、汁気だけをなめて、塊が残ったら少し水を足すなどして食べきれる分だけ少しずつ与えていた。（岡山県・石井さん&しゃおみー）

ミルミキサーや包丁で細かくすると食べない。微妙に味が変わってしまうのだろうか？　指で潰すと食べてくれる。（東京都・沼﨑さん・クロ）

基本間食はなし。年間数回の大好物をおすそ分けする。（東京都・asamiさん&ウメ）

歯がほとんどないので食べやすいものにして、あとは少しずつ手から食べさせる。ちゃんと食べてもらうことに一番苦労する。（神奈川県・波多野さん&ダンボ）

ウェットは、封を開けた翌日になると、「もういらない」といった感じになるので、湯煎して温めて香りを出して与えていました。（神奈川県・ねろたんさん&ねろ）

すぐ味に飽きるので、まぜて出せるように、缶詰を何種類かストックしています。たまに食べることを面倒臭がるので、その時は器を目の前まで運び、それでも食べ切らなければ時間をおい

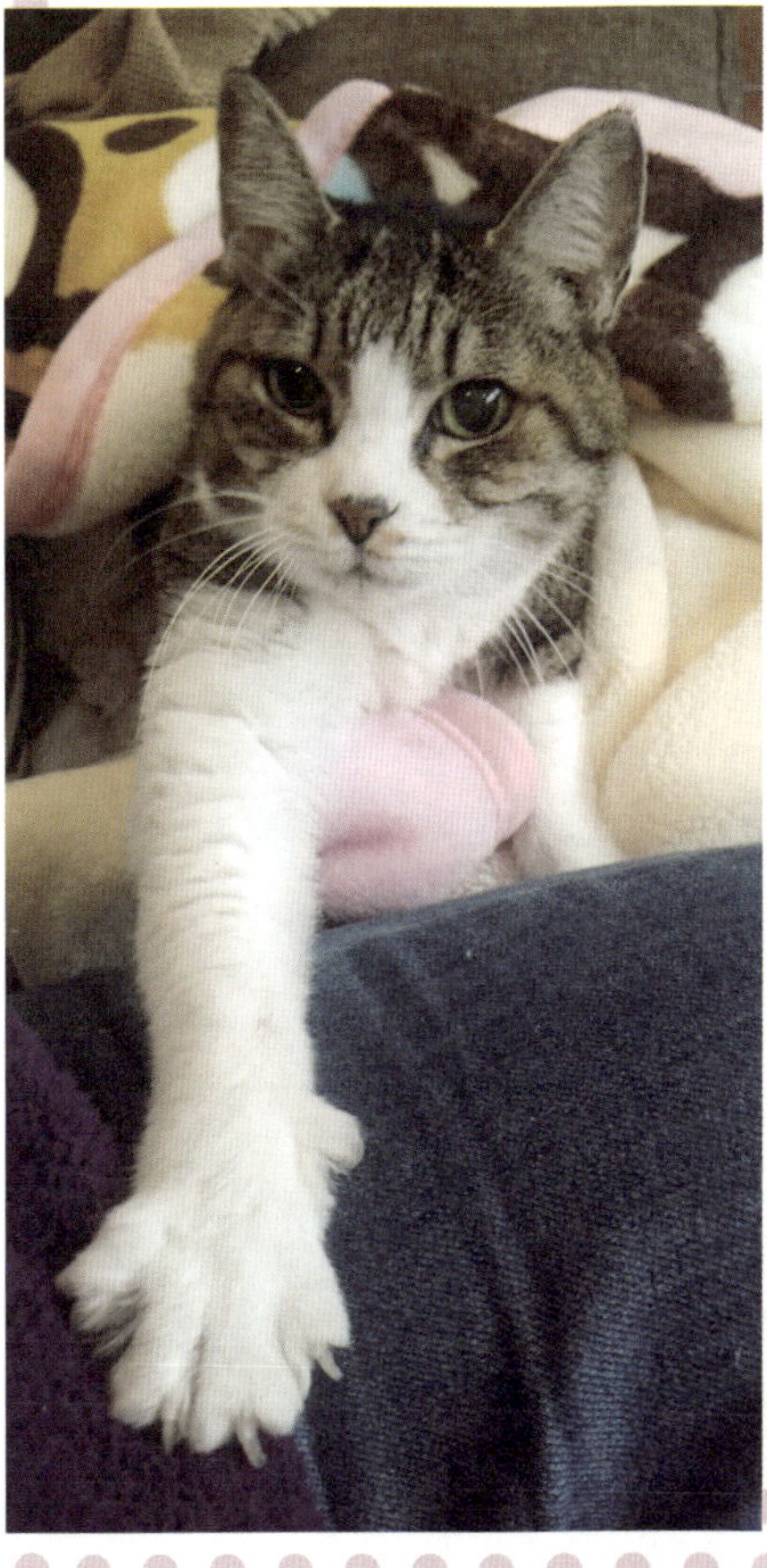

ねろたんさん&ねろ

て同じことを繰り返します。逆に一度に全部食べさせると吐いてしまうので、勢いよく食べている時は途中で一度取り上げます。（愛知県・河生さん＆ナナ）

なかにはこんなお答えも。

人間用の魚を焼いていると、グリルの前に座って待っているので、猫用に鯵か鮎を焼いてあげます。（東京都・扇田さん＆扇田チャチャ）

なんとも羨ましいグルメぶりです。

お水は飲んでる？（お水について）

食べ物も気になりますが、歳を取って腎臓が弱ってくると特に気になるのが〝水〟です。

まず、お水をあげる入れ物の数は〝頭数と同じ〟が一位で以下、頭数＋1個、2個、3個と続きます。

気になるのは水を飲んでもらうための工夫ですが、こちらはやはり、〝綺麗な水をあげる〟が一番でした。

毎日きれいに洗った水入れにいつも入れている。（東京都・栗谷さん＆けむりちゃん）

（工夫は）特にありません。毎日新鮮なものをあげるだけです。（秋田県・小山さん・にゃんこ）

少し高くして飲みやすいようにしていた。綺麗な水を与えるように何度も変えた。（愛知県・ニャンコさん＆メゴ）

扇田さん＆扇田チャチャ

また、予想どおり流れる水も人気で、

電動の循環式の水飲み器。（静岡県・月子さん＆あんこ）

色々な場所に色々な形態のもので与えています。蛇口から出る水が好きで、洗面所で座って待っています。（福岡県・書肆 吾輩堂さん＆ゴンチャロフ）

流水が好き。トイレにゾロゾロついて来る。（東京都・小麦さん＆小麦）

というお答えも多く寄せられています。

ここからうかがえるのは、

ポイント

常に新鮮な水を用意することが大事

ということです。

水そのものについては、幾つか、水素水、海洋深層水などのお答えもありましたが、基本的には皆さん水道水をお使いのようです。

一方、器についても、様々な工夫が寄せられています。

ここ数年は台所に食事を置く台（5センチらいの高さ）を配置して、そこに中ジョッキを置いて、深く屈まなくても水が飲めるようにしている。

また、洗面所には丼に水を入れている。（静岡県・小池さん＆ミュー）

広口の洗面器やボール。（山梨県・はるかさん＆オリーブ）

大きめのドンブリを使っています。（東京都・宮田さん＆コロ・モモコ）

小池さん＆ミュー

ニャンコさん＆メゴ

大きな陶器の片口にたっぷり入れておく。風呂場の洗面器の水を飲むのも好きなので、そこにも水を欠かさないようにしています。（東京都・栗谷さん＆いしだい）

まとめると、

ポイント

大きめの器や高さに工夫

ということでしょう。

なお置き場所はご飯の横が一番多く、＋お風呂場、洗面所、台所、と水回り近くが多いようです。

沼崎さん＆クロ

あっちゃん＆マミ

栗谷さん＆いしだい

そのひと工夫が大事！

ご長寿猫のお水事情

Column

猫の食事

猫の食事の特徴は自分でタンパク質、脂質、炭水化物の3大栄養素の摂取量を調整できるということ、つまり色々な食材を摂りたがっているということです。

総合栄養食であるキャットフードは、歳によって与える種類も様々に用意されていますので、10歳前後の老猫への移行期になったら、※1シニア用の食事に切り替えると良いでしょう。また高齢になると食事にムラが出るものなので、ご飯の時間などは押しつけないようにします。ドライとウェットの違いは食感と香りですので、猫の好みで選んでOK。ドライの方が歯垢が付きにくい傾向があります。また食べやすいようにすり鉢でペースト状にするのを喜ぶ猫もいます。一般に食欲が旺盛であるほど長寿になる傾向があり、まず食べることが大事なのです。

食事に飽きたなら

長寿猫で大切なのが食事管理です。栄養過多はNGですが、食欲が無くなることは大変危険ですのでキャットフードを変えたり、レンジで少し温めて香りを出すと食べやすくなります。猫は「臭いで食べる」と言われるほど風味に敏感ですので、新鮮な赤身や白身の刺身は好物です。でも鯖や鰯などの青魚は黄色脂肪症の原因となるので要注意。ホタテの貝柱も大喜びですが、アワビやサザエは光線過敏症の原因となるのでやっぱり要注意です。古いイカはビタミンB^1を壊して運動障害

※１　一般的には猫の運動量が減るために、総量、カロリーを２割程控え、タンパク質、脂肪の質を高いものにしたいところです。そうした理由からもシニア用フードは、記載されている量を守って与えることが重要です。ただ残念ながらフードの成分表からは質までは分かりませんので、安売りされているものは避け、猫の好みに合わせながら信頼できるメーカーの品がよいでしょう。

を起こすこともあります。もちろん鰹節[※2]は大好物で、削り節器の音に反応して大喜びするのが日本猫。ですがこちらも豊富なミネラルが尿路結石の要因となります。

こう並べてしまうと随分窮屈ですね。確かに猫の体を考えればそうなのですが〝それで猫は楽しいのか？　人は猫のことを言えるのか〟と考えると疑問もあります。病気についても必ずしも発症するわけでなく、食の細い時にはこうした好物があることが助けにもなり、なにより猫だって人と同じで美味しいものを食べて癒されることを知っています。体に良い悪いは知識があれば誰でも言えます。でもその猫にとって何が幸せかを判断できるのは、普段一緒に暮らしているご家族だと思います。

水の与え方

猫は少量の水で順応できる動物と言われています。それはイエネコの先祖が砂漠に暮らすリビア猫である名残だと考えられています。しかし長寿になれば通常量の水は摂って欲しいところです。ですから水が飲みやすいように飲水の高さや器の材質を工夫をして、飲水量や排泄量が気になったら量のチェックもしたいところです。

猫にとって新鮮な水は格別です。水道の蛇口の水を催促する猫は大勢いて、蛇口をひねると飛んで来る一方で、金魚鉢やトイレの水を平気で飲んだりします。お行儀の良さより砂漠での知恵が優先されるイエネコなのです。

※2　鰹節は一日一つまみ程度であれば、添加物が多く含まれている猫用おやつに比べれば良いでしょう。ただ猫によっては本文にある通り、尿路結石の要因となる場合もあるので注意が必要です。様子や健康診断の結果などから判断することをお薦めします。

君のトイレ事情を教えて（トイレについて）

ご飯、お水の次に気になるのはやっぱりトイレ。

「2日オシッコをしなければ命に関わる」とも言われるほど、大事な場所です。

そうしたこともあり、現在は様々な種類の砂が用意されています。

BEST 1	紙系	29%
2	木系	21.4%
3	鉱物系	20.6%
4	おから系	9.2%
5	屋外	5.3%
6	シリカゲル系	3.8%
7	お茶系／炭系	各 1.5%
	その他	7.7%

今回のアンケートの結果、一番は紙系で、以下、木系、鉱物系と続きます。

ちなみにメーカー別にお答えがまとまったのは、

1位　ユニチャームデオトイレ（15票）
2位　ライオンニオイをとる砂（12票）
※ともに有効回答数65のうち

で、〝なんでもOK〟（5票）〝使っていない〟（2票）というお答えもありました。

ではトイレの数はどうでしょう？

一般的に本などで薦められているのは、「飼っている頭数＋1個」と言われていますが、今回のアンケートを見ると「飼っている頭数と同じ」が一位という結果になっています。

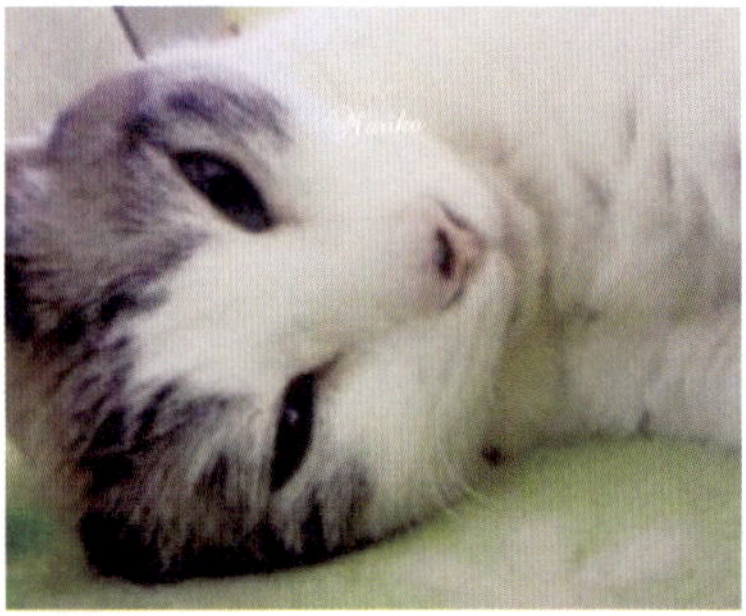

白狼さん＆マリコ

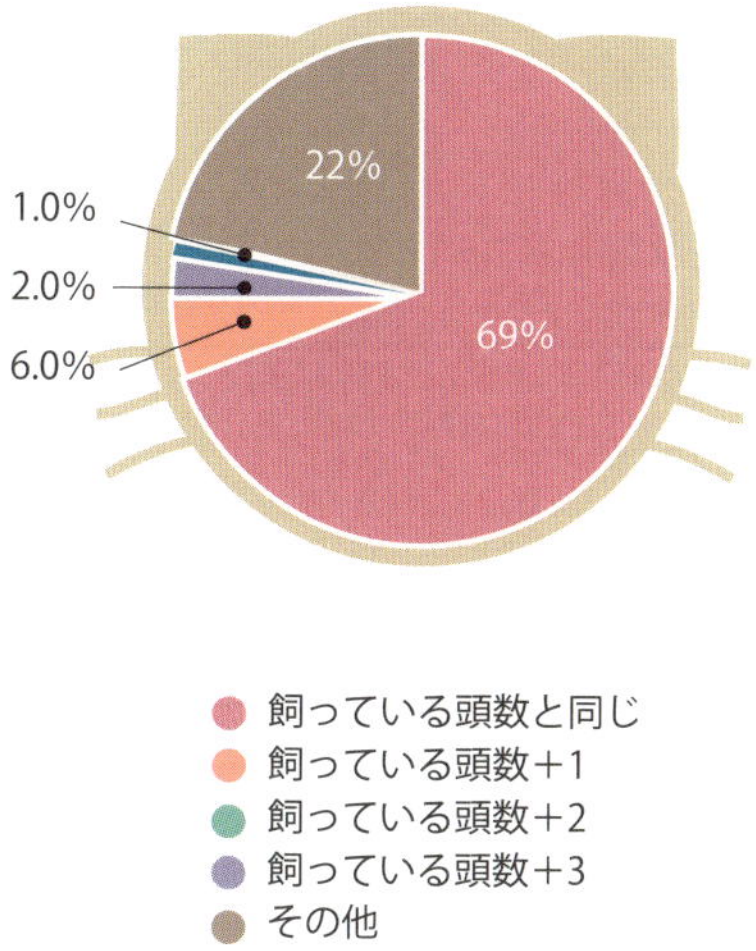

さて、気になるのはトイレの工夫です。こちらについては、

まめに掃除をして、砂をいつも満たしておく。（東京都・萩原さん＆ハナ）

に代表されるように、ほぼブレなく〝まめに掃除をすること〟というお答えを頂きました。

以下に幾つか紹介しておきましょう。

朝と夜寝る前に紙トイレシートを替え、日中もチェックします。（静岡県・月子＆あんこ）

毎日５回掃除、定期丸洗い。（岐阜県・白狼さん＆マリコ）

きれいなトイレを心がけること。（静岡県・あみりんさん＆あれれ）

掃除する。日光に当てる。シリカゲルを週に一回くらいで早めに全部取り替える。（大阪府・田代さん＆菊ちゃん）

その他、足腰が弱った、ご長寿猫ならではの工夫で一番多かったのが〝段差の解消〟です。

トイレに入るための段差を無くしてあ

萩原さん＆ハナ

ります。（東京都・松田さん&チョコ）

トイレを低く、収納用ロッカー引き出しを使って大きいものにして、屋根付きで見えないようにしていた。（愛知県・ニャンコさん&メゴ）

22歳の頃から砂のトイレに登るのが困難になり、犬用のフラットなものにしました。慣れるまではそこに少量の砂を入れましたが、今はシーツだけです。（秋田県・小山さん&にゃんこ）

透明の両面テープでトイレを補強する（おしっこが漏れてしまうため）。周りにこぼすので、トイレの周りにもシートを敷き詰めていました。（千葉県・市川&伊東さん&ちたま）

晩年は段差がまたげなくなったため、場所は変えず平らな面に砂を敷くように改良しました。（愛知県・神谷さん&くっち）

トイレの下にシートを入れるタイプですが、ワンちゃん用のシートにしてこまめに交換して清潔にしていました。晩年は（猫が）屈むことがあまりできなくなり、中腰でおしっこをするため外にこぼれてしまうので、トイレシートをトイレ前にいくつか並べてました。（神奈川県・ねろたんさん&ねろ）

マメに掃除をする以外は特別気を付けていなかったが、亡くなる1ヶ月前は急に足腰が弱ったので、ペットシーツを買ってきて室内のあちこちに置いていた。便秘がち（巨大結腸症ぎみ）だっ

神谷さん&くっち

松田さん&チョコ

たので、ウンチはトイレ以外にもすることがあった。（愛知県・しくさん＆ジョー）

足が悪かったので、普通の猫用トイレは使っていませんでした。マットや新聞紙を敷いて、その上に室内犬用のペットシーツを敷いていました。（東京都・ふじこさん＆まゆ）

点滴をしている時、猫砂が包帯にくっついて困った。ご長寿猫さんは、ペットシーツのほうがいいかもしれないと思った。（東京都・畠山さん＆ととこ）

猫用のトイレに、水を弾く広告を敷き、その上に新聞を載せ、さらにその上にシュレッダーした新聞紙をたっぷり置いて、一回使用するごとに取替えてました。（東京都・望月さん＆モカ）

トイレを低くして、周りにシートを敷き詰めた。（神奈川県・森田さん＆ちゃー）

お答えから、ご長寿猫のトイレを快適にする工夫と智恵が集まりました。皆さんのご経験からのアドバイスは、

ポイント

可能な限り段差を無くす
こぼれても大丈夫なように
シートをトイレの周りにも敷く

ということが言えそうです。

森田さん＆ちゃー

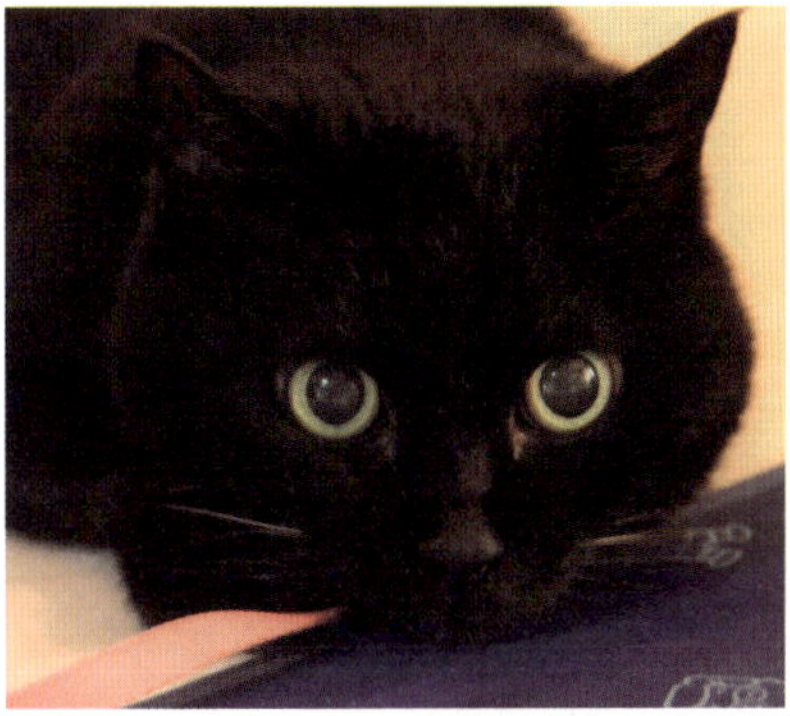

畠山さん＆ととこ

Column

長寿猫のトイレについて

長寿猫にとってトイレは重要アイテムとなってきます。何故なら今まで問題ではなかったトイレの失敗、例えば「トイレ外へ粗相してしまう」、「別の場所でしてしまう」などが現れるからです。これらは老齢による筋力の低下や、間に合わなかっただけで、病気ではありません。

対処としては、〝トイレ周囲にペットシーツを敷く〟、〝トイレ容器そのものを低くしてまたぎやすくする〟、逆に〝段差をつけて出入りしやすくする〟などの〝猫バリアフリー〟にしてあげることです。色々試して、一番楽にできるものを探してあげましょう。

また、トイレ容器を大きくしたり、猫の居場所近くにもう一つトイレを用意するなどの工夫をすると、更に快適な暮らしになるはずです。ただし長寿猫の居場所を変えてしまうような生活の変化はストレスとなるので好ましくありません。あくまでも猫が馴れている生活環境を優先して行うことが大事です。猫砂もお掃除らくちんもよろしいのですが、やはり猫の好みを見つけてあげましょう。猫は足裏で感じる砂の感触を結構気にしていると思います。

排泄時の異常として、トイレにしゃがんで低音の「アオー」と鳴いていたら排泄か排尿で困っている声です。飼い主にトラブルを教えているので、早急に気付いてあげて、獣医師に相談することをお薦めします。

ご長寿猫のヒミツはここにあり

トイレはいつも清潔に！

お注射はしてる？（ワクチンについて）

予防注射、いわゆる三種混合ワクチン（猫ウイルス性鼻気管炎、猫カリシウイルス感染症、猫汎白血球減少症）を受けているか伺ってみたところ、結果は次の通りです。

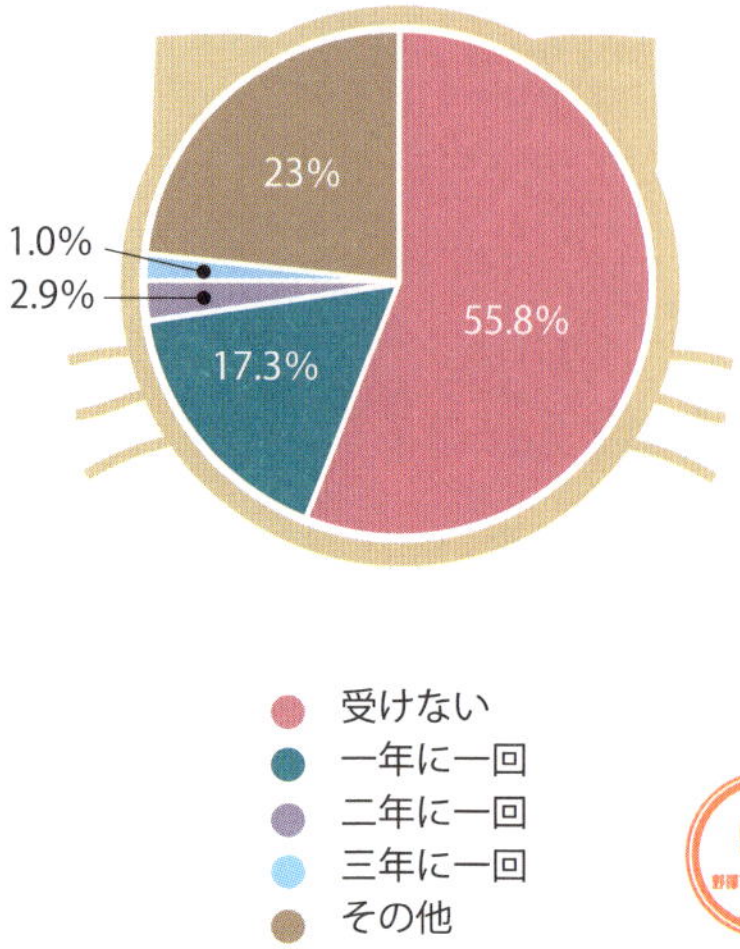

一般的には「歳を取ると免疫力が落ちるため続けた方がよい」と言われていますが、今回の結果を見る限り、半数以上が〝受けない〟というお答えでした。

どんな時が気持ちが良いの？（触ると喜ぶ場所について）

猫が出す「ゴロゴロ」という音は、何とも心地よいものです。でも、どうして音を出すのかは、まだまだ分からないことが多いようで、今のところ、〝仔猫が母猫に甘える時〟、〝リラックスしている時〟、〝ピンチの時〟などが考えられています。一説にはあのゴロゴロの周波数が、骨折などの治癒を早めているとも言われています。基本的には〝機嫌が良い時のサイン〟と考えてよさそうです。

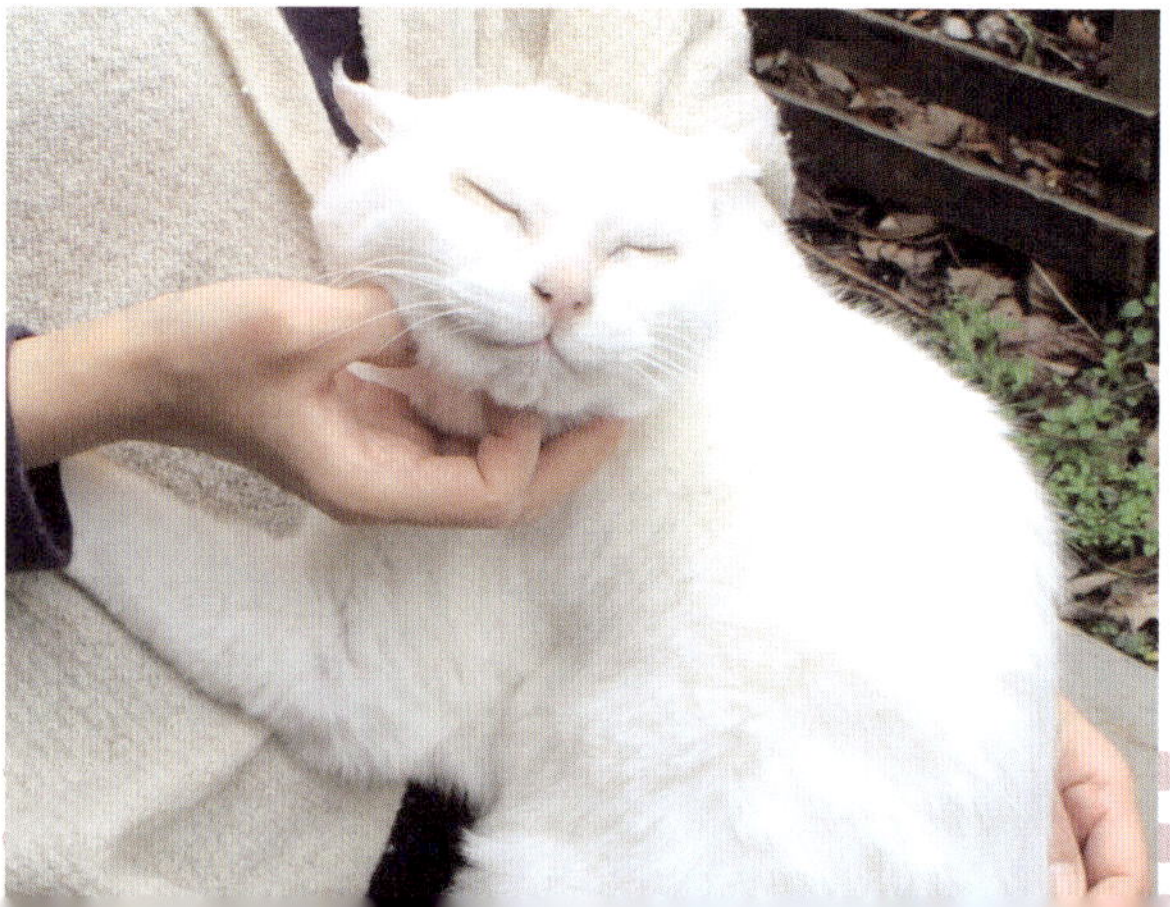

ozakimayさん＆ゆうこ

飼い主さんが教える

我が家のゴロゴロポイント

BEST 1 あご・首

2 くっついていれば

3 背中

4 顔

5 頭

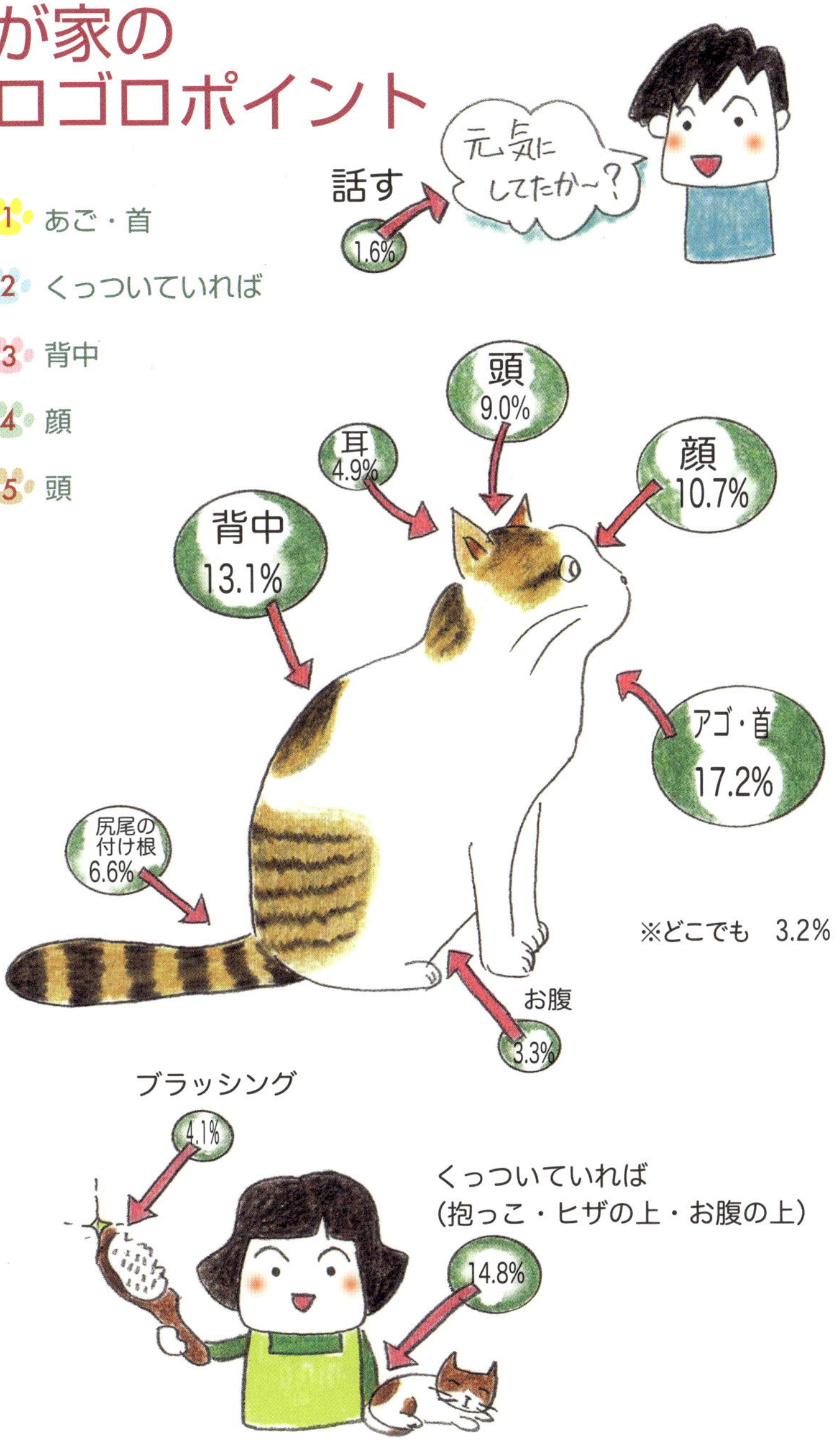

※その他　11.5%

では、ご長寿猫はどんな時にゴロゴロ喉を鳴らしているのでしょう？

一番多かったのは、やっぱり定番のアゴ・喉を撫でられている時。以下、くっついている時、背中、顔、頭、尻尾の付け根、と続きます。

また、ブラッシングや抱っこ、ヒザの上に載ってくつろいだり、話しかけたりそばにいるだけでゴロゴロいうご機嫌な猫もいて、なんともほのぼのします。

皆さんからのお答えはこちらです。

床暖房の上でゴロゴロしてる時、額をなでなで。（岩手県・阿部さん＆ちゃちゃ丸）

バルコニーでの日向ぼっこ。布団の中で寝る前。ブラッシングの時。（東京都・荻原さん＆ハナ）

お尻ポンポン、背中を撫でるなど。（大阪府・chachaさん＆ぷっちゃ）

歳を取ってから名前を呼んだだけでも喉を鳴らします。（愛知県・河生さん＆ナナ）

お腹を見せて足を伸ばして、だらっと気持ち良さそうにしていたのをよく撫でてあげてました。肩も人間のようにマッサージしてあげるとリラックスしていました。（新潟県・マユさん＆ぺぺ）

そばにいる時。（愛知県・norikoさん＆ミータちゃん）

阿部さん＆ちゃちゃ丸

頭や身体を触ってる時と、お布団に入って来た時。目が合っただけでも。（愛知県・金子さん＆ミー）

首の後ろや尻尾の付け根など、猫さんが届きにくい場所を掻いてあげると喜んでました。でも、あんまりいじりすぎると、「いい加減にしろ！」とでもいうように、猫パンチ！（東京都・山中さん＆元生）

その一方で、ずっとゴロゴロ言わなかった猫が、晩年近くになって、ゴロゴロいうようになったというお話も寄せられました。

亡くなる2年前まで触れませんでした。最後の一年は撫でるとゴロゴロいうようになりました。（愛知県・齊藤さん＆グレ）

どんな遊びが好き？（遊びについて）

色々なお答えを頂きましたが、トップはやっぱり〝猫じゃらし〟。以下〝紐〟〝（丸めた紙ボールなどで）取ってこい〟と続きます。

ご長寿になると「寝るのが仕事」という感じですが、若い頃の遊び方を伺うと、それぞれに個性があることが改めて分かります。

猫じゃらしに飛びつく遊びが好きでした。運動能力の高い子だったので、自分でゲームを考案して、自分で作ったルールをかたくなに守って遊んでいる姿を、懐かしく思い出します。（静岡県・kazuさん＆シルバー）

高いところでぴぃぴぃ鳴いて人を呼び

齊藤さん＆グレ

つけ、抱っこして下ろしてもらう「降りられなくなっちゃった」遊び（ほんとは一人で降りられる）。人の歩く先々にころがり出てスリルを楽しむ「踏まれそうになっちゃった」遊び（ジャマ）。（千葉県・中島さん＆なあな）

おばあちゃんの趣味である編み物の毛糸玉を転がすことです。（青森県・樋口さん＆チビ）

など様々。歳を取るとこうした遊びは少なくなりますが、それもまたご長寿猫との過ごし方と言えるようです。

すでに長寿だったので、遊びなどは特になし。そばにいながらも、お互い自分の時間を楽しむという感じでした。（東京都・ふじこさん＆まゆ）

大人になってからは、あまり一人で遊ぶことはないように思います。いつも何となく家族の見えるところにいます。（東京都・栗谷さん＆けむりちゃん）

歯磨きはしてる？（歯磨きについて）

こちらはほぼ全員〝していない〟というお答えでした。

していません。一度歯茎を触ったら、すんごい怒られました……。（東京都・桂さん＆さくら）

まったくせず。（東京都・遠山さん＆サヴォイ・シルヴィー・ティッタ）

嫌がったので、無理にはしなかった。

栗谷さん＆けむりちゃん

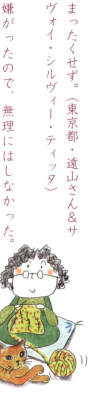

（東京都・ケイさん＆マオ）

どの猫も仔猫時代にちょっとやっていましたが、すぐに諦めてしまいました。ゴンチャロフは歯槽膿漏になって奥歯を抜いたので、出来れば歯磨きの癖をつけたほうが良いと思います。（福岡県・書肆　吾輩堂＆ゴンチャロフ）

僅かにお一人だけされていた扇田さんのお答えがこちらです。

20歳位までしていました。歯磨き用のジェルを週3回位。今は、口臭のひどい時に、獣医さんからもらった消毒用をさしています。（東京都・扇田さん＆扇田チャチャ）

また、こんなお答えもありました。

月一回獣医さんに無麻酔で歯石を取ってもらっている。（東京都・小ちえさん＆シーちゃん）

猫も人と同じで、歯石が溜まりやすいタイプとそうでないタイプがあるそうです。できるなら歯磨きはした方がよいとは思うのですが、かえってストレスになってしまっては困るので難しいところです。

小ちえさん＆シーちゃん

ブラッシングは好き？
（ブラッシングやお風呂について）

猫と暮らす上で避けられないのが、猫の毛とのつき合いかたです。どの位の頻度でブラッシングをするのかを伺ったところ、結果は次の通り。

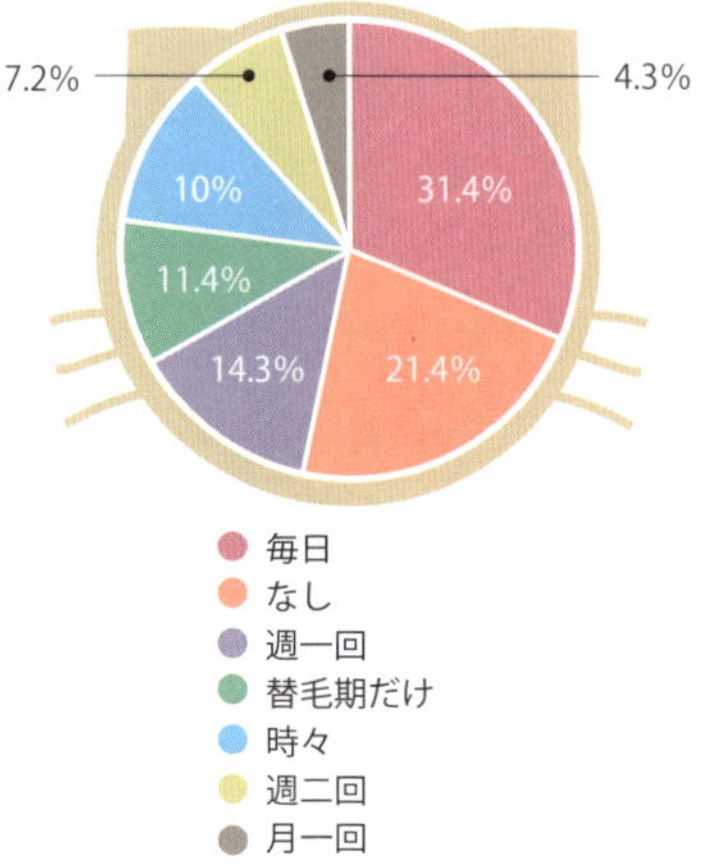

短毛種、長毛種で違いがあるところですが、一番多かったのは〝毎日〟というお答えでした。ブラッシングも大事ですが、それだけスキンシップが取れているといえるでしょう。

また、その一方で意外だったのは〝なし〟というお答えが二番目に多かったことです。

ではお風呂はどうでしょう？

こちらは圧倒的に〝なし〟という結果になりました。

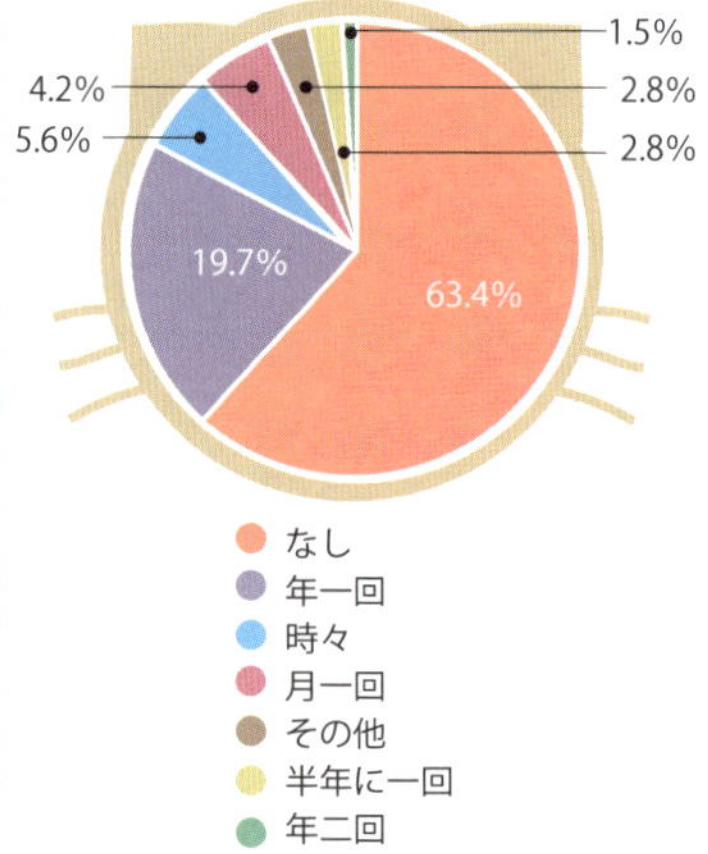

お風呂は殺される勢いで嫌がるので入れていないです。（東京都・ともぞうさん＆ともみ）

マユさん＆ぺぺ

一回入れたら　タイヘンなことになって、表に逃げて土だらけになったのでそれからしてません。（東京都・ピープル江川さん＆ビコ）

普段はあまり入れませんが、ノミがついた時は頻繁にお風呂で洗いました。最初逃げようとしますが、シャワーをかけると諦めます。ドライヤーのほうが嫌だったようです。（新潟県・マユさん＆ぺぺ）

概ね「お風呂は嫌い」ということのようです。もちろん中にはこんな猫も。

一年に一度。いままではシャワーで洗っていた。ものすごく嫌がり逃げ惑っていた。去年は初めて一緒に抱いてお風呂に入ってみたが、暖かいのが意外と気持ち良いようで、しがみついておとなしく気持ち良さそうに浸かっていた。そのあとシャワーしても暖かそうにしていた。（東京都・栗谷さん＆いしだい）

この頃は、夏前の蒸してきた頃にしてました。最初は嫌がりましたが、シャワーの温度がちょうどよかったようで、すぐおとなしくなりました。（山梨県・はるかさん＆オリーブ）

ブラッシング、お風呂ときたら、気になるのは毛玉対策です。結果は、

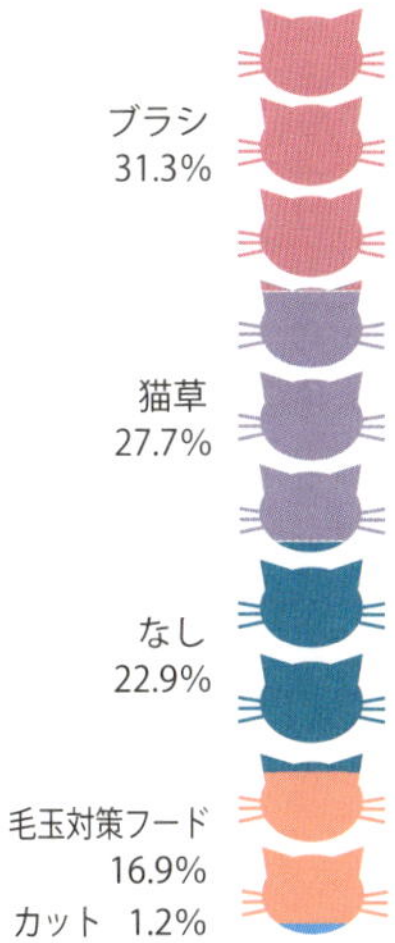

と、ブラッシングが1位で以下、猫草、なし、という結果になっています。

たまには こんな お風呂好きな猫さんも・・・

ピープル江川さん＆ビコ
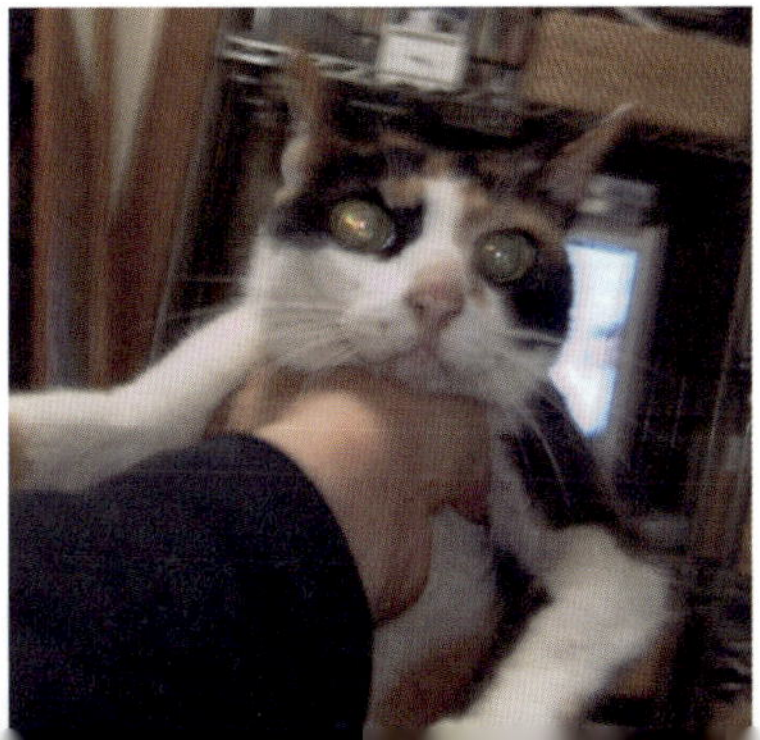

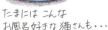

Column

ワクチン接種について

犬の狂犬病ワクチン接種は、病気や老齢である場合、獣医師の判断で免除されることがあります。それはあくまでも狂犬病予防法に基づくもので、猫には適用されていません。猫の混合ワクチン接種では飼い主の判断に任されています。ですから長寿猫の場合は、体調をよく知っている主治医の先生と相談するのがベストです。

室内飼いであっても人間がウイルスを持ち込むことも考えられるので、ワクチン接種ができる体調であるならば接種はするべきです。また長寿猫だからといってワクチンの副作用が出るということもありません。

猫のゴロゴロ

猫のゴロゴロは無意識なものではなく、意識して発しているものです。長い時は数十分続くこともあり、仮声帯と呼ばれる喉頭筋からとか、血流が横隔膜で振動を増幅させている音と考えられています。しかも目が開かない哺乳時から発しており、母猫への信頼や親近感の表れと言われています。成長するとご機嫌であったり体調不良の時や、自分を落ち着かせる時などに発します。つまり幸せであったり防御反応であったりするわけです。

この猫の気持ちや感情を、人間に当てはめて考えようとするから理解不能になるのですが、単純に飼い主にも母親と同じ親近感を持っていると思うと嬉しくな

ります。また長寿になってからのゴロゴロは、若い時ほどのハリはないものの、同じようなタイミングで発していることから、意味合いは変わらないと考えられます。

あそび

長寿猫ともなるとあそびはなくなります。と言うか「無駄な動きはしなくなる」と言った方が正しいと思います。それだけに活発だった頃を思い出してしまいますが、これもご長寿ならではの智恵。長寿猫になると基礎代謝が高まる遊びは好みません。しかし楽しみはあります。好きな居場所でうたた寝していること。あまり構われては困りますが、優しく撫でられたり話しかけられたりすると交流ができて嬉しいのです。ですから一緒に過ごす時間があればそれで良いのです。

歯磨きについて

長寿になる猫が必ずしも歯が丈夫ではないことがアンケートから分かりました。食べる時に痛がったり、触ると嫌がったら、歯周病や歯肉炎を疑います。歯垢がたまると健康に良いことはありません。細菌が歯茎の中に侵入し、さらには体内から血液を通して心臓や腎臓に悪影響を与える危険性があります。その歯周病の予防が歯磨きなのです。

最近では、猫の歯を磨くという習慣も出来つつありますが、なかなかさせてくれ

高価なオモチャより
手づくりのものに
ハマることも○○○

ないというのが実状でしょう。「歯ブラシを見ただけで逃げ惑う」、「口を見ようとすると閉じる」となって、「止めよう」となるのが一般的です。今回のアンケートからも歯磨きをされていた方は0パーセント。最近では歯につけるジェルタイプの歯磨きや簡易な歯ブラシなどが市販されていますが、やるなら猫に嫌われない範囲で試してみましょう。

お風呂とブラッシング

猫は体が濡れることを嫌がります。ですから「お風呂はもってのほか」と、慣れない猫には無理強いはしたくありません。ですが人間と暮らす上では綺麗になっていないと困る場合もあります。特に猫アレルギーの飼い主であればまめに洗っておく必要があります。それは特例ですが、いつも綺麗にしておきたいことには変わりありません。

長寿猫になると自分でお手入れしなくなり、体毛の汚れもそのままになってしまいます。お風呂が嫌なら濡れタオルで拭き取る習慣をつけておくのも方法です。排泄の邪魔になるようであれば肛門周囲の体毛をカットしておくのも良いでしょう。

長毛種であれば毛玉ケアは必須ですので、頻繁なブラッシングを心がけるようにしましょう。若い頃ならバリカンで一気に毛を刈ることもできますが、長寿になってからは体温調節の面でも負担になるので、日頃のブラッシングが大事です。

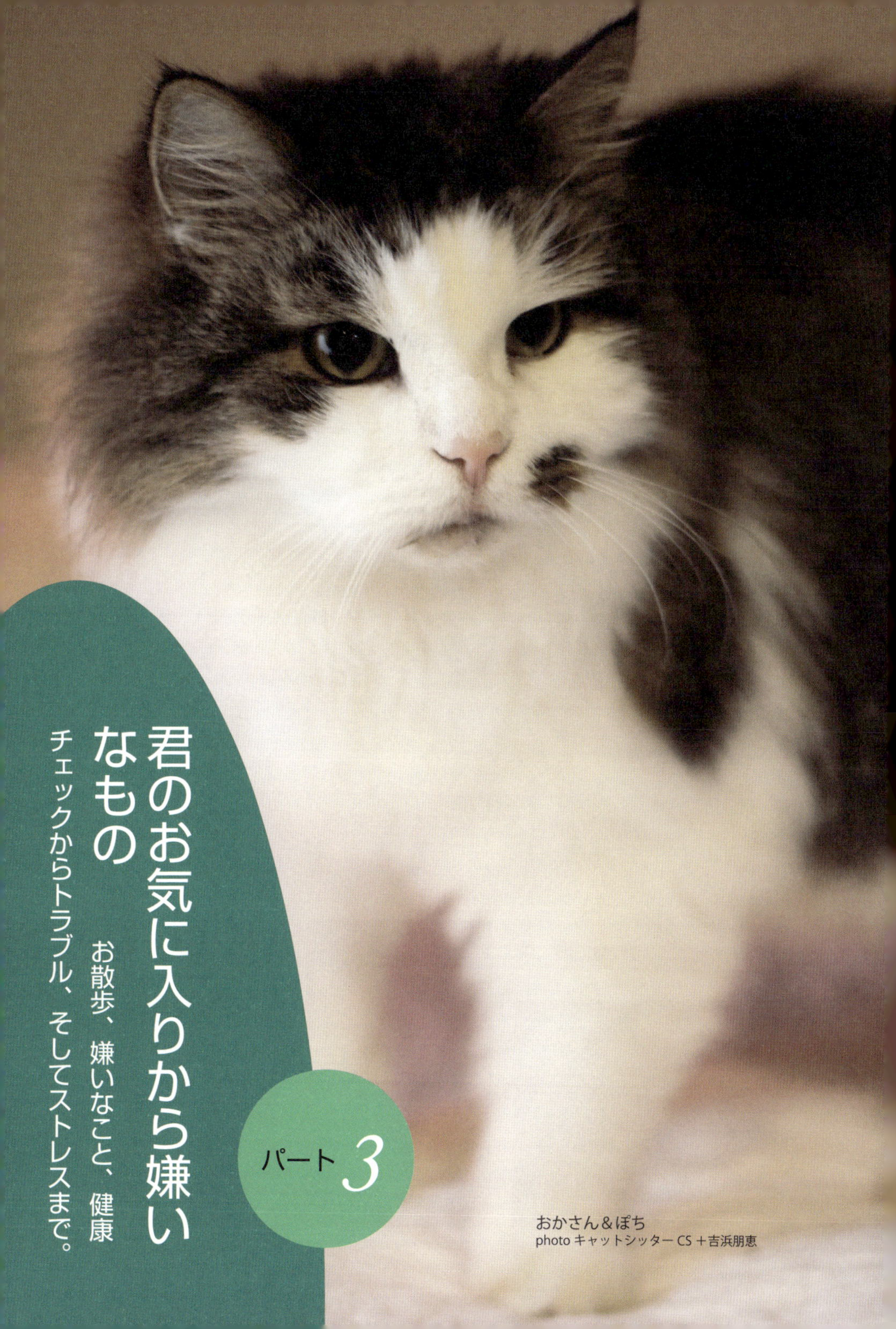

パート3

君のお気に入りから嫌いなもの

お散歩、嫌いなこと、健康チェックからトラブル、そしてストレスまで。

おかさん＆ぽち
photo キャットシッターCS＋吉浜朋恵

お散歩はする？（散歩について）

家と外を自由に行き来していた頃は、「猫の散歩なんて」と思われましたが、最近では徐々にですが増えつつあると聞きますが結果は……。

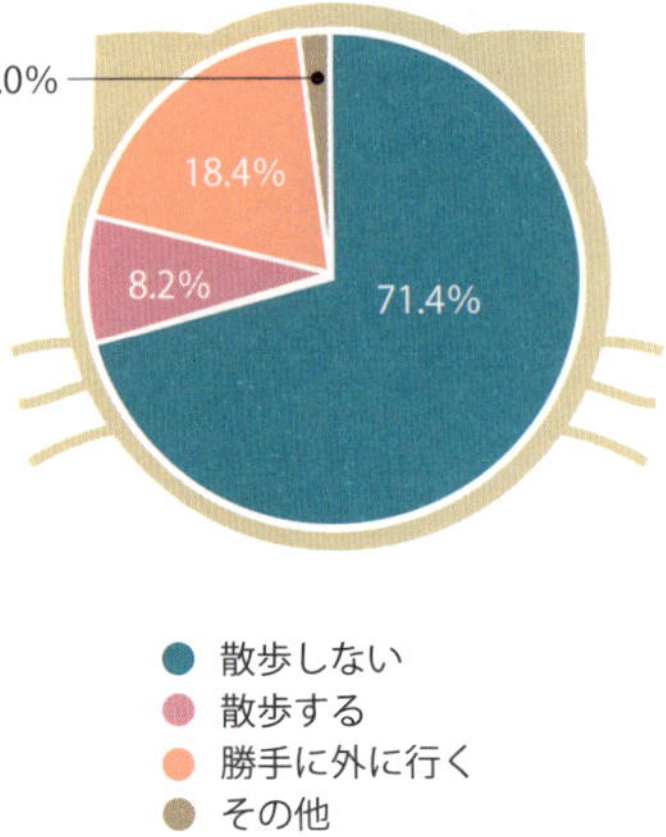

やはり圧倒的多数は〝しない〟（家から出ない）という結果になりました。

それでも〝する〟と答えた方もいらっしゃいましたので、お答えを紹介してみましょう。

犬がいたので、犬の散歩にみんなぞろぞろとついてきました。「ハメルーンの音楽隊みたい」と評判でした。（山梨県・はるかさん＆オリーブ）

冬場の日当たりが悪くなる季節に数回程度。ハーネスを付けて公園まで抱きかかえて行き、帰りたがるのをなだめながらしばらく日向ぼっこをして帰るだけ。なので、猫はちっとも歩いていない。（岡山県・石井さん＆しゃおみー）

体調を崩した17歳までは、出たい時に出て行ってましたが最近は一緒に行きます。ハーネスなしでゆっくり。寒い

はるかさん＆オリーブ

石井さん＆しゃおみー

と玄関先まで。暖かい時期は、距離を延ばして歩かせます。呼ぶと来るし、家の下にある道路とガソリンスタンドの車を見るのが好きで、二人で眺めてます。（愛知県・金子さん＆ミー）

なかにはこんなお答えもありました。

母がブルジョワを気取りたくて、ハーネス的なビニール紐を首輪につけたことがありましたが、紐にじゃれついてしまい、断念。散歩に付いていく手法もとってみましたが、邪魔だったようで途中で撒かれること数回、断念しました。（愛知県・しくさん＆ジョー）

散歩については室内飼いの猫の場合は、縄張り意識を混乱させてしまうので「やらない方がよい」というお話もあります。この辺りを含めて野澤先生にお話を伺いたいところです。

金子さん＆ミー

普段、気にしてることはある？
（日常的な健康チェックについて）

こちらはご家族の皆さんが、日常的に行っている健康チェック方法について伺ったものです。

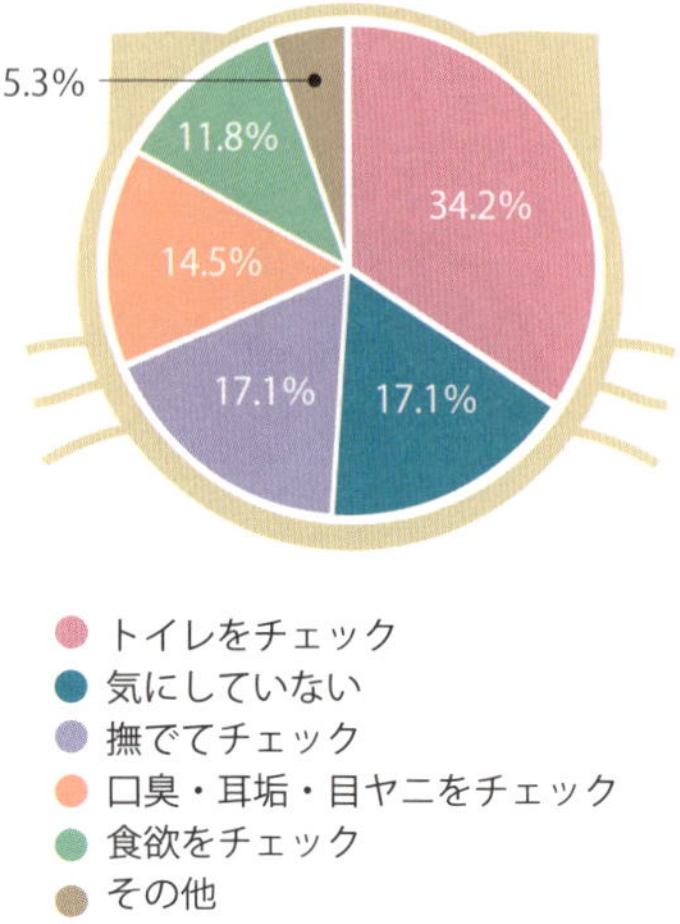

やはり、〝トップは基本の〝トイレチェック〟でした。

おしっことウンコの量は毎日確認しています。あとは食欲の確認。（東京都・栗谷さん＆いしだい）

記録はつけていませんが排泄物や口臭のチェックはしています。（東京都・広瀬さん＆トラヴゥ）

次に多かったのが、〝撫でる〟〝スキンシップ〟です。

隅々まで触って、変な所はないか、体温はどうかを見ます。あとはオシッコの色と回数や、今老人性イボがあるので、その大きさは触ってチェック。（東京都・小ちえさん＆シーちゃん）

やはり毎日カラダを触って、匂いを嗅いでチェックしていました。ご飯の量も計っていました。（東京都・岩瀬さん＆モモ）

広瀬さん＆トラヴゥ

とにかくスキンシップ！　しこりはないか、皮膚炎はないか、痛むところはないかなど、毎日チェックしてます。（愛知県・金子さん＆ミー）

何か異常があれば鳴きかたや行動で分かるので、スキンシップを大事に。毎日外で遊んできますが、夜は必ず帰ってきて布団で寝てました。（愛知県・しく＆ジョー）

片目のせいか、茶色の涙が出るので毎日拭いてあげていた。お水をちゃんと飲んでいるかと、排便の状態をチェック。（東京都・片岡さん＆コゲ）

そして、やっぱり〝食欲〟です。

普段ご飯の時間になると「ごはん～！」とかなり騒ぐのだが、体調悪いとご飯要求しない。（東京都・ozakimayさん＆ゆうこ）

独特だったのはこちらです。

「のびのび」と称して前脚の付け根、肩甲骨の辺りを持ってぶら下げると自重で体が伸びて気持ち良さそう。歳とともに伸びなくなるのでその目安にも。（神奈川県・tenkomaruさん＆てん子）

ネットや口コミってどうなの？
（口コミや代替医療について）

こちらは、ネットや口コミで知った猫に効果のある、健康系の情報を試し

片岡さん＆コゲ

tenkomaruさん＆てん子

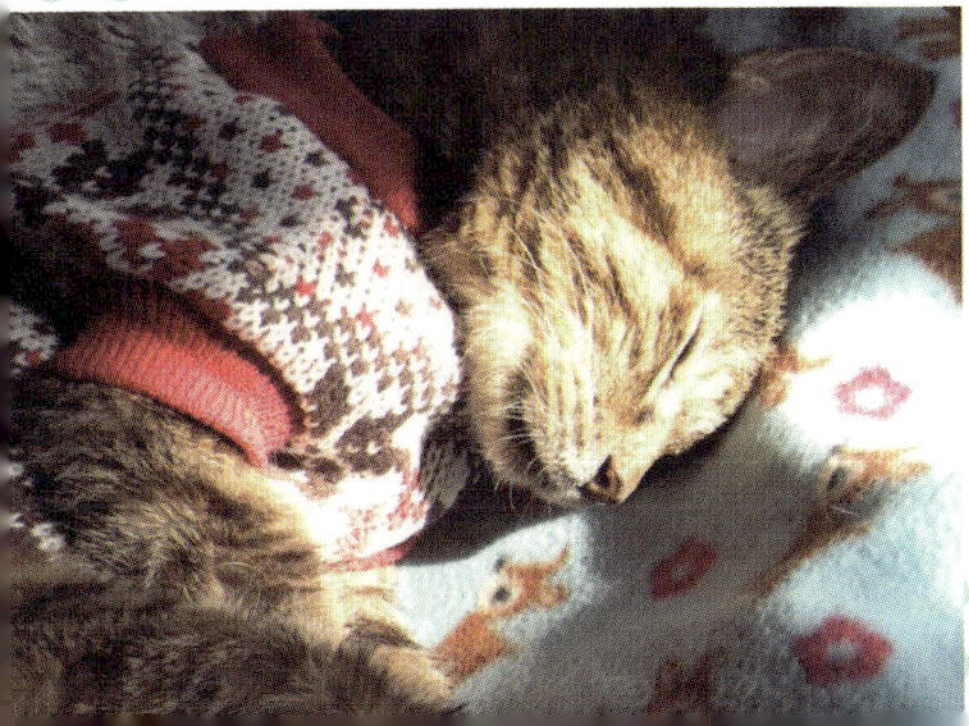

た方へのご質問でした。
〝ある〟と答えた方の半分くらいは、「マッサージをする」というお答えでしたが、ここではその一部を紹介してみましょう。

腎嚢胞《じんのうほう》が発見されてからお医者さんに勧められ、ホモトキシコロジーを毎週飲んでます。現在数値からすればぐったりしててもおかしくないのですが、普通に生活してます。もう5年くらい飲んでます。（神奈川県・稲田さん＆オリーブ）

一度石が詰まったのですがスギナのお茶をパウダーにしてご飯に混ぜて与えたら治りました。（岩手県・阿部さん＆ちゃちゃ丸）

冬場は、ぬるま湯を与える。これで、尿結石になりにくくなりました。（愛知県・金子さん＆ミー）

便秘気味だったので、検索してみたら糸井（重里）さんが犬にビオフェルミンをあげたという書き込みを見て、缶詰のフードにすり潰したビオフェルミン一粒を混ぜてあげたりしていた。効果あったと思います。（広島県・聖☆きのこさん＆ミルフィー）

ミドリムシ粉末。（大阪府・中谷さん＆ちょび）

ペットアイジージーという元気サポート機能性ミルクは、ミルク好きの子には試す価値がある。（神奈川県・波多野さん＆ダンボ）

聖☆きのこさん＆ミルフィー

波多野さん＆ダンボ

腋窩《えきか》リンパのマッサージ（人間向けの免疫アップ体操をアレンジ）。鍼治療。（東京都・畠山さん＆ととこ）

一度、毒気の高い何かを食べたことがあり、吐いて下痢してと、かなり衰弱したことがありました。連休ですぐには病院に連れていけない状況で、栄養補強飲料（銘柄は覚えていません）を飲ませたことがありました。ちょっと危険な民間療法でしたが、翌日からモリモリ食べて元気になったことがありました。（愛知県・しくさん＆ジョー）

ヘッドマッサージやフェイシャルマッサージを勝手にしています。涙目だったのですが、目の周りのマッサージで改善されました。（東京都・桂さん＆さくら）

マッサージ、肉球マッサージ。（神奈川県・ねろたんさん＆ねろ）

猫に良いことならなんでも試したいと思う方も多いでしょうが、本当に何が良いのかは難しいところです。また、そうした飼い主さんの頑張りが、却って猫のストレスになることも少なくありません。ここはやはり野澤先生にお話を伺いたいところです。

桂さん＆さくら

Column

散歩について

「猫の散歩はしない」という人が圧倒的に多いです。それでも猫と散歩に行く人は、首輪より胴体で留まるハーネスを使い、パニック対策を心掛け騒音のない環境を選んで、猫を抱えて出かけることが多いようです。

猫は本来、自分の縄張りを見回る程度の外出ですから、人間と一緒に散歩することは理解不能ではないかと思われます。それに猫は道を横切ることは得意でも、真っ直ぐに歩くことを不得手としています。すぐそこかしこに隠れたがるのです。

普段、室内だけで暮らしている猫はそこが縄張りとなります。例外はあるでしょうが、大抵の猫は自分の縄張り外のところへ出掛けたら散歩どころではありません。ですから猫自身が散歩を好きなら別ですが、無理に散歩を行う必要はありません。屋外の雰囲気が感じられる窓際などにパーソナルスペースである居場所があれば、それで十分快適な暮らしとなります。

猫の健康チェック

最も簡単な健康チェックは食欲があるかどうかです。また尿・便の状況、そして体に触れて、発熱、脱水、貧血など自宅でも簡単に出来るチェックはあります。今回のアンケートのお答えを見ると、皆さんがそれぞれに猫に合ったチェックをされていることが分かりました。特にトイレチェックを筆頭にスキンシップをされてい

て、なかには体の伸び具合から老化のチェックをされている方がいましたが、これはまさに現実を受け入れる上ではとても重要なことなのです。歳とともに変わっていく体の状態は正しく知っておくべきだと思うからです。

また、長寿猫ともなると、何らかの方法を使って飼い主に意思を伝えてきますから注意して観察していてあげたいところです。いつもと違う様子であったら直ぐに信頼できる人、獣医師などに相談できる環境を整えておきましょう。

猫の口コミ民間療法

口コミは、いつの時代でも存在します。ネット環境が整ったお陰で猫仲間の相互活動も広まっており、良い情報は即座に伝わっていきます。様々な口コミの中でも民間療法は、一般的治療に対して伝統的な代替療法の一つで、その内容も食事療法から漢方、鍼、サプリメント、マッサージ、オゾン療法からレイキと様々です。

これらは治療というよりは自然治癒能力を高めるものと言うべきでしょう。今回のアンケートの中には腋窩リンパのマッサージというのもありました。

〝猫に良いことなら何でもしてあげたい〟と思うのが猫好きの信念ですが、猫にしてみれば、ただの迷惑の場合もあります。激しく嫌がる声をあげたり、逃げようとするなら、飼い主さんを嫌いになるだけでなく、猫自身がストレスになるので遠慮しておくのが得策であったりします。

君が嫌いなことは何？
（猫が苦手なことについて）

BEST
1. 掃除機（ドライヤーを含む）
2. 来客（知らない人）
3. 触る（抱っこ）
4. 水
5. 柑橘系の香り
6. 通院
7. 爪切り
8. チャイム（呼び鈴）・尻尾の付け根・他の猫・小さな子ども
9. おむつ・歯に触る・傘

予想どおり一位は天敵とも言えそうな〝掃除機の音〟でした。

掃除機が一番キライ。（東京都・宮田さん＆モモコ）

掃除機、ドライヤーのモーター音。（神奈川県・船越さん＆たどん）

掃除機。妻がふざけて尻尾を吸い込んで以来、天敵です。（神奈川県・永井さん＆Nyasama）

こちらの対策としては、猫が逃げるに任せるか、猫がいない部屋から始めるしかないようです。

ただ歳とともに大丈夫になることもあるようです。

掃除機は大嫌いでしたが、15年を超えたあたりで克服！（東京都・岩瀬さん＆モモ）

2年前（17歳）くらいまでは掃除機が鳴ると逃げ回っていましたが、最近は

船越さん＆たどん

寄ってきて、吸ってあげると喜びます。
（東京都・藤木さん＆アンコ）

掃除機の次は〝来客〟と続き、〝男の人の声が苦手〟というお答えもいくつか見られました。

変わったところではこんなお答えも。

お母さんの詩吟。お母さんのカラオケは大丈夫。（愛知県・加藤さん＆マイ）

お母さまにはお気の毒ですが、迷惑そうなマイちゃんの顔が浮かんで笑ってしまいます。

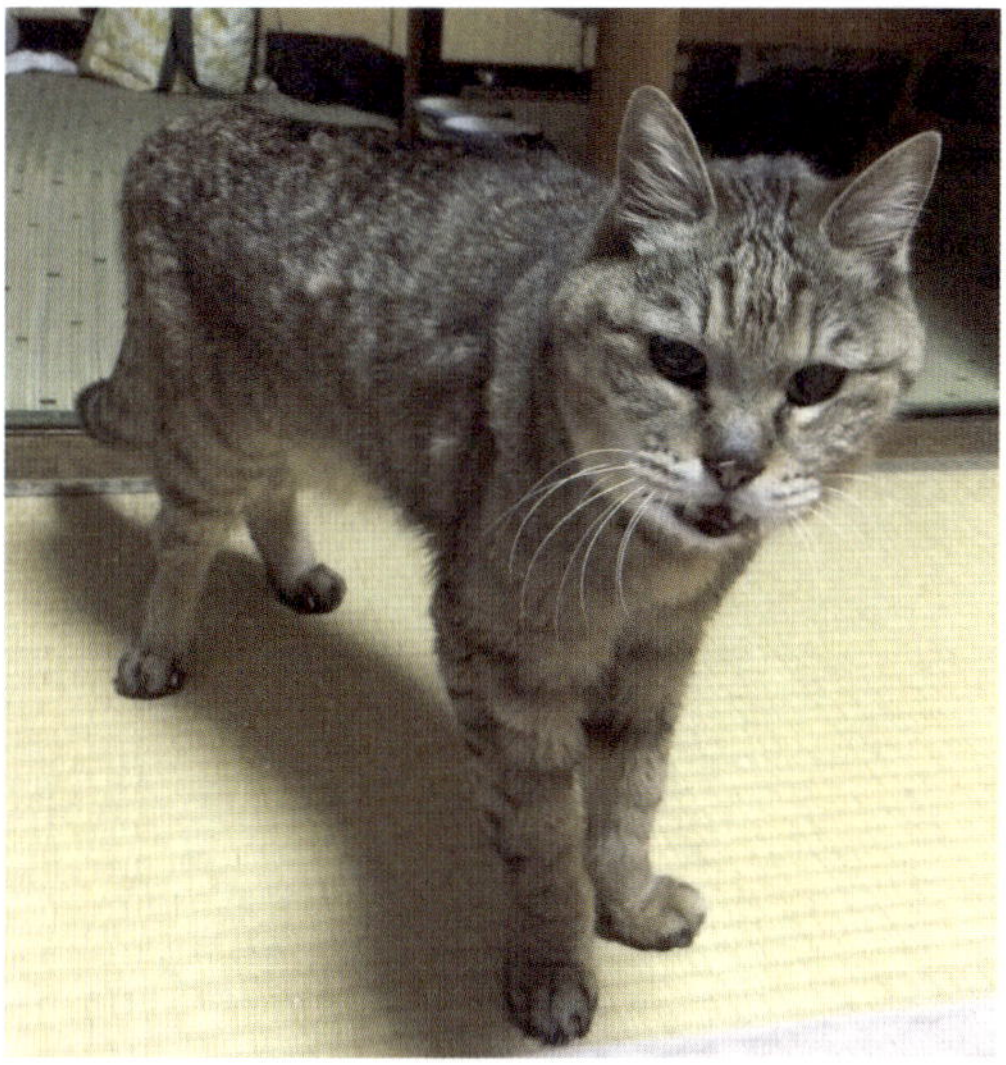
加藤さん＆マイ

どんな暮らしが好き？
（住環境について）

こちらは、猫の住環境を整えるうえでの工夫についてのお答えです。

BEST 1	キャットタワー	11.8%
2	出入り口、部屋を自由に行き来できる／模様替えをしない／特に工夫なし	各 10.6%
5	猫部屋を作る	9.2%
6	日当り	7.9%
7	段々を作る	6.6%
8	窓	5.3%
9	転落防止柵	3.9%
10	キャットウォーク／落ちるものを置かない／エアコン／ペットシッター／ホットマット（毛布）	各 2.6%
	その他	10.5%

一位は人気のアイテム〝キャットタワー〟でした。

二位以下のお答えを見ると、猫が慣れた住環境をできるだけ変えず、猫があまり干渉されない場所と、自由に行き来できる環境作りを心がけていることが分かります。

トイレと食事の場所をあえて離して日常生活の中で運動できるようにする。猫が上がりそうなところには物を置かない、猫が入ってもよい猫専用の押し入れを作る。部屋入口の隙間を開けておくか、猫専用出入り口を作る。（岡山県・石井さん＆しゃおみー）

来客がある時に、必ず人が入らない部屋や押入れなど避難場所があること。（静岡県・あみりんさん＆あれれ）

安心できる場所と外を見られる場所を作る。掃除をする時に住居用洗剤等を控える。猫たちの居場所を清潔にして

辻さん＆メルセデス

おく。爪をとぎたくなるようなものは、あらかじめ保護したり加工したりする。（神奈川県・波多野さん＆ダンボ）

季節毎の工夫では、

夏はエアコンつけっ放し。冬はこたつに小さいホットカーペット入れてつけっ放し。（神奈川県・辻さん＆メルセデス）

冬はケージに毛布を被せる。暑さ寒さが厳しい時は、ためらわずエアコンやオイルヒーターやホットカーペットを使う。（静岡県・くりぼうさん＆ミー）

冬はホットカーペット。夏はペットボトルを冷やしておいて、いたるところに置いておきました。（東京都・よしこさん＆およよ）

など、積極的に温度調整をしているというお答えの方が多かったです。

旅行は好き？
（旅行の時にどうしているかについて）

猫と暮らしていて、困るのは旅行の時という方は少なくありません。皆さんはどうされているのでしょう？

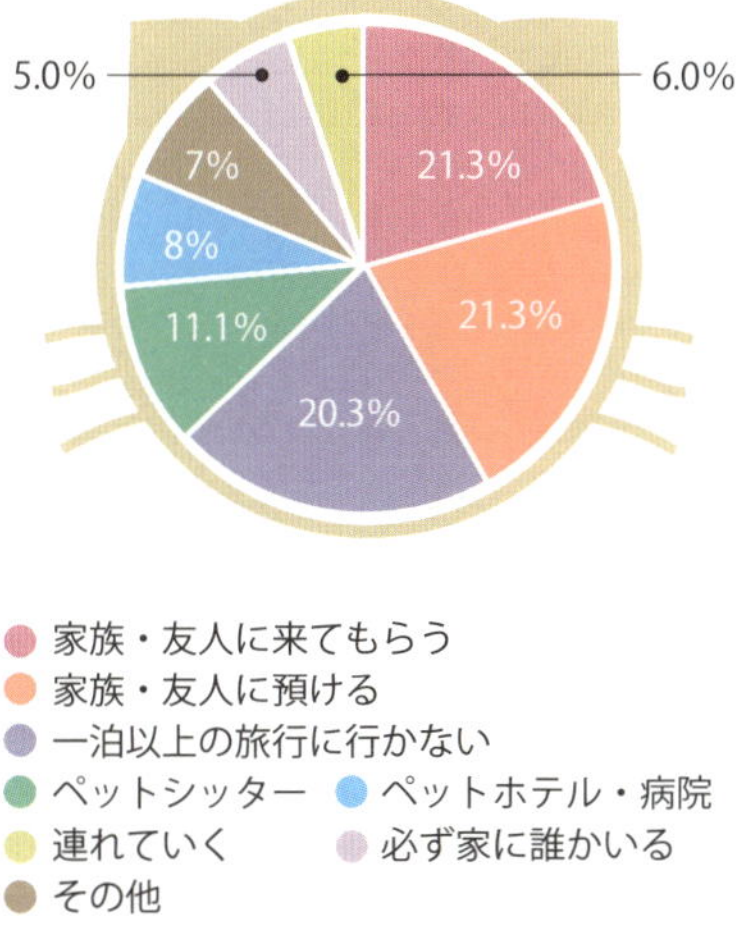

くりぼうさん＆ミー

〝家族・友人に来てもらう〟と、〝家族・友人に預ける〟が並んで一位。次点が〝一泊以上の旅行に行かない〟でした。

また、ペットホテル・病院に預けるよりも、シッターさんに頼むという方が多く、一位の〝家族・友人に来てもらう〟を含めて、できるだけ猫の住環境を変えないという配慮が窺えます。

なお、ペットホテルの相場は、一頭4，000円程度が一番多く、シッターさんは2，000円〜3，000円＋交通費というお答えが多かったです。

猫が苦手な人とはどうつき合ってるの？（猫アレルギーについて）

「猫が大好きだけど、アレルギーがあって」という方が時々いらっしゃいます。なかには一緒に暮らし始めた後で、自分やご家族に猫アレルギーがあることが分かることもあるようです。

そこで伺ったのが、「お身内に猫アレルギーの人が場合、どうしてますか？」という質問でした。

私自身が猫アレルギーでした。飼い始めた当初、突然、強い症状が出ましたが、抗生物質で症状が緩和。そのあとは徐々に慣れて、症状も出なくなりました。（東京都・ふじこさん＆まゆ）

こまめに部屋の掃除をする。アレルギーの人の部屋には、なるべく猫が入らないようにしました。（東京都・扇田さん＆扇田チャチャ）

かつて夫が猫アレルギーと言われたが、一緒に暮らすうちに慣れた。（神奈川県・船越さん&たどん）

私がアレルギー持ち。全ての猫でなく、特定の猫に反応していて、れもんにはアレルギーはあまり出ませんでした。特に気にせず生活。（埼玉県・とむさん&れもん）

全然気づきませんでしたが、ある日私本人が猫アレルギーと診断されました。ネコに強くこすられると赤くなりかゆくなりますが、ひどい症状にはならないので気にしませんでした。（秋田県・mariaさん&チャンガちゃん）

息子が1歳の頃、犬になめられて真っ赤になったため検査したところ犬猫アレルギー判定（猫の方が高め）がでましたが、家の猫には特になにも反応でません。（東京都・藤木さん&アンコ）

飼っている本人である夫が、実は喘息で医者から止められていました。なのに25年……。（千葉県・市川&伊東さん・ちたま）

ハニーがそうだったけど、慣れたみたい。耳鼻科の先生に「もう猫は飼わないように」と言われて10年経って「まだネコは生きてる」って言ったら、「ネコがそんなに長生きするわけない！」って叱られた……。（東京都・ピープル江川さん&ビコ）

お答えを見ると、〝慣れる〟というケースもありますが、どうしてそんなことがあるのか、野澤先生に伺っています。

とむさん&れもん

Column

猫の嫌いなことについて

猫の嫌いなことをわざわざする人はいませんが、例えば食事がない、トイレが汚れているなどは言わずもがな、もうひとつアンケートからもはっきりしているのが掃除機の振動音です。でもこちらは歳とともに危険ではないことを覚えて、動じなくなる猫もいます。男性が嫌いな猫というのは、こうした低音の声が原因であったりします。猫の好き嫌いを知っておくことは、一緒に暮らす上では大事なことなので知っておいてあげたいです。

診察室では「他の猫の臭いを付けたまま帰らないこと」と言います。それは自分の縄張りに他の猫が侵入したと錯覚するからです。自分の居場所を取られたら最も困ります。「イヤ!」と言葉を発しない猫は態度で示したり、精神的に落ち着きません。そのまま体を触れられたら、臭いを付けられてなおさら嫌がるでしょう。これは病院に限らず、猫カフェや猫友のところに出掛けた後も気をつけてあげたいことです。つまり猫は五感で嫌がることがあるのです。

猫アレルギーについて

意外なことですが猫を飼っている人の中に猫アレルギーの人が結構います。アンケートからも分かるように、本人も知らずにいたり、対処しながら猫を飼っていたりするのです。

そもそも猫アレルギーとは、猫によって皮膚の痒みや咳などの反応が出ることで、検査は血液から抗体価を調べ、アレルギー反応を見ます。ただし猫のフケに反応する検査の場合は、猫の毛や付着したものには反応しなかったりします。

アレルギーの原因特定は意外に難しく、よくよく調べると猫とは別の原因があることもあり、猫が濡れ衣を着せられていたケースもあります。

対処としては、とにかく猫をお風呂にいれるなど清潔にしておくこと。室内をよく掃除して空気清浄フィルターで毛を回収する。猫がお風呂嫌いであれば体表を拭くだけでも効果はあります。時間はかかるものの、人間が慣れて反応しなくなるということもあります。

ケイさん＆マオ

地震や火事にあったことはある？
（災害時について）

猫に限らず、動物と暮らしているなかで気になるのが災害に遭遇した時です。ここでは、95年に発生した阪神・淡路大震災と、2011年の東日本大震災のエピソードを中心にご紹介します。

阪神淡路大震災の時、ちょうどぶっちゃが発情中でようやく寝付いたところに揺れが！　ベッドの上で私とぶっちゃ、互いに顔合せたまましばらく固まりました。震度4でしたが、その後、押し入れに飛び込みしばらく出てこず、発情も収まりました。（大阪府・chachaさん＆ぶっちゃ）

阪神大震災の時は家具が倒れてしばらく食事をしなかった。（大阪府・田代さん＆菊ちゃん）

幸いにも最大の災害は東日本の地震の揺れを神奈川で感じたのみ。その時は猫三匹だったが、ダンボと牝猫は家の中を走り、もう一匹の当時二歳の牡猫は部屋の真ん中で腰を抜かしたように固まって動けなくなってしまった。その後の余震でテーブルの下に入ることを教えたら、それ以降、小さな地震でもテーブルの下に駆け込むようになった。（神奈川県・波多野さん＆ダンボ）

東日本大震災の時、自宅に帰ってきたら二匹姿が見えず、一匹はベッドの上。普段のんびりした性格なので地震にも動じなかったのだと安心して体を触ったら、筋肉が硬直していたのでマッサー

chacha さん＆ぶっちゃ

ジと声をかけ安心させました。残りの二匹はカーテンの裏、ベッドの下に隠れていて、同じように全身が硬直していたので、マッサージをずっとしていました。その後、余震がくる度に私の周りに全員が寄ってくるようになりました。現在も地震が苦手のようです。（東京都・おかさん&ぽち）

東日本大震災の時、3日間ほど停電が続きましたが、その間は外に出さないようにしました。チビはいたって平常心でまったく手がかかりませんでした。（青森県・樋口さん&チビ）

3・11の日は二人とも外出先から帰れなくなり、猫が無事か心配した。夜遅くやっと帰宅したら床に割れたガラス片が散乱していたので即、肉球をチェック。幸い怪我はなく安堵した。（東京都・ケイさん&マオ）

3・11の時はびっくりしていましたが、家族が洗濯ネットに入れていつでも外に一緒に出られるようにしていた。（東京都・よしこさん&およよ）

こんなお答えもありました。

2005年の福岡西方沖地震（震度6弱）の時は失禁して飛んで逃げ、2日間飲まず食わずでベッドの下に隠れていました。あと泥棒が入ったことがあるのですが、その時は開け放たれた窓から庭をうろついていました。すぐ捕まりましたが。（福岡県・書肆　吾輩堂さん&ゴンチャロフ）

おかさん & ぽち
photo キャットシッター CS ＋吉浜 朋恵

逃げ出したことはある？
（脱走について）

災害でなくても、ちょっとした瞬間に猫が家を抜け出して行方不明になってしまうこともあります。そんな時、どうしたのか？　室内飼いの方を対象に、猫が脱走した時のことを伺いました。

ベランダを行き来させていたら、一度間違えて下の人の家に帰ってしまい、出られずお風呂で固まっていたそうです。私が探していることを近所の方から聞いて、家に届けてくださいました。
（東京都・藤木さん＆アンコ）

脱走歴あり。飼主である義母が入院や旅行などで出かけている時に、どうやら義母を探しに逃げ出したらしい。「昼間は出てこない」と思ったので、猫が出て行ったドアを夜になってから数時間開けておいた。脱走した猫は、出て行った場所からしか入って来ないので、夜に開けておくことが鉄則。また自分の匂いを確認安心させるために、使っているトイレの砂を少量置いておく。
（静岡県・あみりんさん＆あれれ）

玄関ドアの塗装の際、ちょっと開いていた隙間から脱走。マンション中探し回りましたが、近所の人の情報で、管理人室に連れられて行ったと知りました。恐怖から完全に固まっていて、唸っていたのをそっと捕まえて連れて帰りました。（東京都・山中さん＆元生）

ベランダで同じ階の住人6軒が繋がっ

藤木さん＆アンコ

ていたため、1軒ずつ訪ねてベランダに入らせてもらい捜索。3、4軒先のお宅のベランダの物陰に頭から入り込み動けなくなっているのを発見。（大阪府・chachaさん&ぶっちゃ）

ベランダやマンションの廊下などにはよく脱走した。玄関から飛び出した時は10メートルくらい走った後、我に返って振り返って立ち止まるのでその時に捕まえた。ご飯の音（ドライフードを振って鳴らす）をさせるとすぐに帰ってきた。（東京都・asamiさん&ウメ）

基本的にどの猫もあまり遠くへは行かず、固まっているというケースが多いようです。

そんな中、大冒険を繰り広げたのがこちらです。

19歳の時、生まれて初めて外に出てしまい、丸1日行方不明になりました。近所の人もあちこち探してくれ、警察にも行きましたがその日は見つからず、夜、「どうしているんだろう」と思うと涙が溢れました。翌日、大学で友達に話したところ、その友達がフェイスブックで通っている大学の先生が「黒猫が庭にやって来た！」という記事をアップしているのを見つけて知らせてくれたのです！　すぐその先生に連絡を取り、すったもんだの末に無事にご帰還。家族全員が号泣の再会でした。19歳になるまで一度も外に出て歩いたこともない猫が無事に帰って来れて、本当に運が強いネコだったと思います。（秋田県・mariaさん&チャンガちゃん）

涙の再会、本当に良かったですね。

mariaさん&チャンガちゃん

Column

地震や災害への備えについて

3・11以降に環境省が出した「災害時におけるペットの救護対策ガイドライン」では、同行避難が推進されています。はぐれてしまったペットを保護するためには多大な労力と時間を要するだけでなく、動物愛護の観点や避難をされた方の精神的なケアからも、ペットも一緒に避難することを必要な措置としているのです。

実際に避難のための準備として、猫を安全に運べるキャリーケース（リュック式のキャリーバッグだと両手が使えて便利）や避難袋を用意することが大切です。袋には食料と水、食器、トイレ砂、折りたたみ簡易トイレ、ペットシーツ、そして余力があれば簡易サークルを入れておくと避難場所で役立ちます。ただし緊急時ですから最小限の荷物になることを考慮しておくべきです。猫は飼い主と一緒であればとても心強いです。長寿猫でしたらバッグに入ったままが落ち着くと思います。

また、日頃からバッグに入れるなど避難訓練を猫と一緒にしておくと良いでしょう。室内飼いの猫は外に出ると迷子になる確率が高いので迷子札は必須です。さらにマイクロチップを入れておけば、万が一はぐれても、保護され、動物病院や動物愛護センターに持ち込まれれば、リーダーで読み取り照合されて飼い主に連絡が来ます。

もし避難したならば、時間とともに疲労が蓄積しますが、数日のうちに必ず救助は来ます。ですからそれまで飼い主であるあなたの体力と判断力が失われないことを心掛け、しっかり猫を見ていてあげてください。

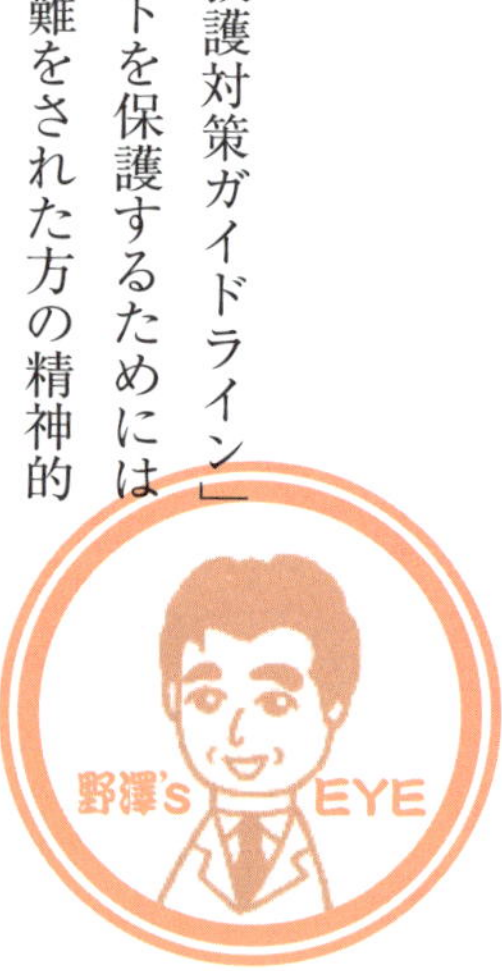

脱走について

長寿猫と暮らす方々の経験は、新しく猫を飼う人達にとって貴重なお話の宝庫です。そうしたお話の中でも〝脱走〟という辛い体験があります。

脱走された飼い主は、自分を責め、「もう二度と会えないの!?」と狼狽《うろた》えます。それは日常生活に支障をきたすほどで、アンケートからも失った動揺と再会の喜びが伝わってきます。でも本当は脱走されてからでは遅いです。

脱走にも原因はありますが、今回のお答えからも「ちょっとした隙」に出てしまい「近所にいた」というのがほとんどです。「うちの猫は出ない」という過信は油断で、出る猫はふとした瞬間に出てしまいます。万が一のためにマイクロチップを入れる方法もありますが、まず首輪に名前と電話番号を書いた迷子札が効果的です。猫は犬と違って捕獲されることは少ないので、戻るか発見されるのがほとんどです。

私にとって少し意外だったのは、伝統的な猫返しのおまじないを使った人がいらっしゃらなかったことです。参考までにそのおまじないを紹介すると、百人一首の在原行平《ありわらのゆきひら》の歌『立ちわかれ いなばの山の 峰に生ふる まつとし聞かば 今帰り来む』を書いて玄関や脱走口に貼っておくというものです。伝統的と言えば、神社に〝猫返し〟の神頼みをお願いに行くというものがあります。こうした人々の願いは、今も昔も変わらないということです。

君の家に毎日の約束はある？

（毎日、気に掛けていることについて）

こちらはご飯以外で、「これだけは必ず毎日している」ということを伺いました。結果はこちらの通り。

BEST 1	話しかける（誉める）	31.5%
2	スキンシップ（撫でる・抱っこ・猫吸い・一緒に寝るなど）	29.3%
3	トイレ交換	22.8%
4	水を毎日替える	4.4%
	その他（おむつ交換・日向ぼっこなど）	12.0%

一位はやっぱり〝話しかける（褒める）〟です。

家に帰ってきたら、必ず一頭一頭に話し掛けてます。（神奈川県・稲田さん＆グレイ・オリーブ・ルナ）

「かわいい、だいすき、たいせつ、おかーちゃんのたからちゃん」と伝えている。（神奈川県・ねろたんさん＆ねろ）

子供と同じように 目を見て 話す。（神奈川県・やっちゃんさん＆まい）

まず朝起きたら、「おはよう今日も可愛いね！」から始まり、仕事から帰宅したら、「ただいま！いつもお留守番ありがとうね！」。その他、「生まれてきてくれてありがとう」、「うちの子になってくれてありがとう」と、とにかく毎日ほめたたえております。（東京都・桂さん＆さくら）

やっちゃんさん＆まい

稲田さん＆オリーブ・ルナ

どのお答えからもご家庭での〝猫様〟ぶりが伝わってきます。

続いて二位の〝スキンシップ〟の内容は、抱っこから猫吸いまで様々ですが、とにかく触ることで気持ちを伝えていることです。

毎日身体を撫でてあげる。（東京都・宮田さん&モモコ）

夜はベッドで添い寝する。（愛知県・神谷さん&くっち）

1日30分以上は必ず遊んであげる。話しかける。（千葉県・中島さん&なあな）

三位はやはり〝トイレ交換〟です。

トイレは使ったらすぐに綺麗にする。（東京都・望月さん&ショコラ・モカ）

トイレ交換。抱っこしてベランダ越しに外を眺める。（カリフォルニア州・Kayokoさん&マヤン）

寝る前にトイレの掃除。風呂場のドアを半開きにして洗面器に水をためておく。（大阪府・chachaさん&ぶっちゃ）

ここまでのお答えと合わせて、ご長寿猫のご家庭で見えてきたのは、

ポイント

話しかける
スキンシップ
トイレの交換

を大事にされている姿です。

その上で、改めて皆さんに「何が猫

毎日 たくさん 話しかけよう

さんを長生きさせていると思われますか？　一番大事にしていることを教えてください」という質問をしました。

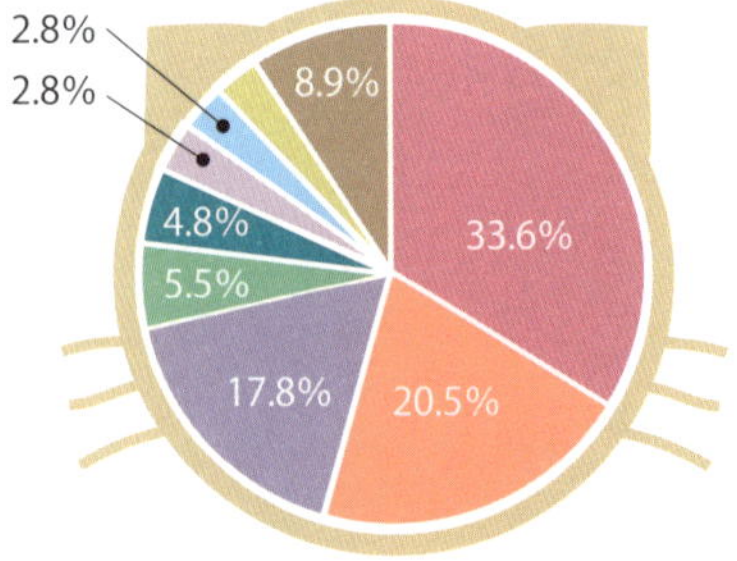

予想どおり一位は〝自由にさせる・ストレスを与えない〟でした。

ストレスを溜めないコツはある？
（猫のストレスコントロールについて）

では、皆さんはストレスを与えないようにどんな工夫をしているのでしょう？

BEST		
1	構い過ぎない（自由にさせる）	38.7%
2	コミュニケーション	16.0%
3	外の景色が見られる	12.3%
4	ひとりになれる場所を作る	6.6%
5	住環境	5.7%
6	猫揉	4.0%
7	大きな音を出さない 相性を大切に 分からない	各 2.8%
8	飼い主が神経質にならない 一緒に寝る	各 1.8%
9	その他（爪研ぎ・食事時間を守るなど）	4.7%

こちらのお答えで面白いのは、一位が〝構い過ぎない（放っておく・マイペース・寝ている時は起こさない）〟で、二位が〝コミュニケーション〟なことです。

これを象徴するお答えがこちら、

寄ってきたら決して拒まない。去る時

阿部さん＆ちゃちゃ丸

は引き止めない。（岩手県・阿部さん＆ちゃちゃ丸）

でしょう。その他のお答えでも、

顔を見て話しかける。必要以上に構わないこと。（愛知県・鈴木さん＆みゆ）

ムリに構うことはしません　好きなようにやらせています。（東京都・宮田さん＆コロ）

愛情。しかし、過保護にならないこと。（東京都・山中さん＆元生）

好き勝手にさせてみた。（広島県・浅海さん＆こてつ）

菊が寄ってこない時は自由にさせていた。（大阪府・田代さん＆菊ちゃん）

と、この適度な距離感を大事にしていることが、猫がストレス無く、マイペースで過ごせるための秘訣のようです。

また注目は三位の、〝外の景色が見られる〟です。

よく、「猫は外を見るのが好き」と聞きますが、今回のアンケート結果を見る限り、実際に意識して外を見ることが出来る場所を用意している方が多いことが分かります。

いつも窓の外の景色を見られるようにしている。玄関、ベランダに行きたがる時は、極力すぐに開けてあげる。（静岡県・小池さん＆ミュー）

宮田さん＆コロ

浅海さん＆こてつ

昼間は外が見えるように、ブラインドを上まで全部上げる。音楽やテレビの音はあまり大きくしない。（カリフォルニア州・Kayokoさん＆マヤン）

猫のために工夫したわけではありませんが、当初の家は広く、仲の悪い猫の動線が交わらずに済み、窓がやたら多かったので、猫が個別に外を眺められる環境がありました。また、終の棲家も窓が非常に大きく、ストレスを軽減できていたと思います。（東京都・遠山さん＆サヴォイ・シルヴィー・ティッタ）

窓の外を見られるようにしている。甘えん坊なので、たくさん撫でて、スキンシップを図ること。（東京都・望月さん＆ショコラ・モカ）

では、どうして猫は外の景色を見るのが好きなのでしょうか？

こちらは野澤先生に伺っていますので96頁をお読みください。

また、〝外の景色が見られる〟というお答えは、以下に続く〝一人になれる場所を作る〟、〝住環境〟にも通じるところでしょう。

その他にも、多くの方に参考になるお答えを、ご紹介しておきましょう。

自然体でしょうか。うちは自然の中にありますので、出入り自由です。庭も広く、冬は寒い地域ですが猫は外に出かけます。また多頭飼いですが、それぞれの居場所が自由に選べています。

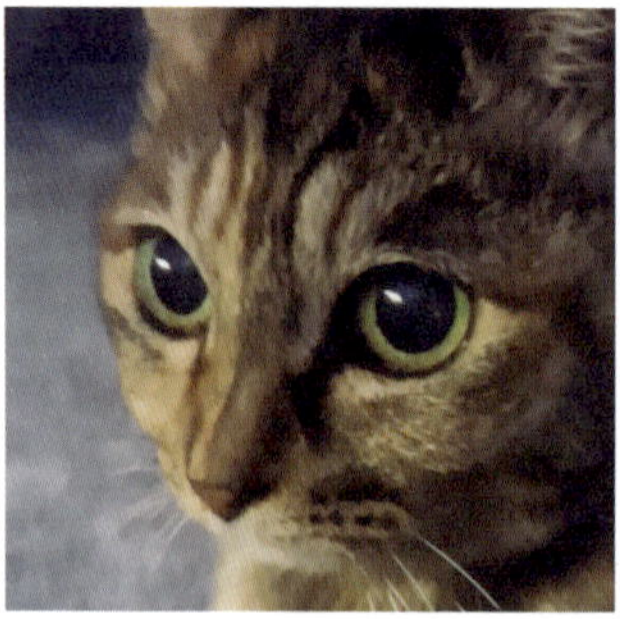

金子さん＆ミー

望月さん＆モカ

（山梨県・はるかさん＆オリーブ）

寝ている時は起こさない。小食。軽い運動。足腰が弱っているので、「あんよは上手」の形で、前足を持って後ろ足だけで歩いたり階段を上ったりということを少しずつ続けている。（東京都・栗谷さん＆いしだい）

コミュニケーション。定期的に病院へ行く。食事は猫に合ったものを選ぶ。水は頻繁に変える。トイレはすぐキレイにする。とにかくミーちゃんの満足いくまで触る。（愛知県・金子さん＆ミー）

トイレとご飯の場所を離して歩かせる。トイレが二階、ご飯が一階なので、毎日何回か階段の上り下りをしなくてはいけない環境にしていること。抱っこして「可愛いねー！いい子だねー！」と褒め称える。（岩手県・阿部さん＆ちゃちゃ丸）

具合が悪そうな時にすぐ察することができるスキル。多頭飼いでも、全員に必ず一度は挨拶とスキンシップ。顔の表情、食事の残し加減チェックなどから健康状態を把握、シグナルを見逃さない。（静岡県・くりぼうさん＆ミー）

それでは、ここまでのお答えで見えてきた、ご長寿猫の理想的な住環境、生活スタイルをまとめて紹介しましょう。

望月さん＆ショコラ

1 適度な距離

猫が一人になりたい時は放っておく。
また一人になれる場所があると良いでしょう。

2 コミュニケーション

お話をする、撫でるなど一緒の時間を過ごしましょう。あくまでも猫のペースで「去る者は追わず」が大事。

アンケートから見えてきた

「ご長寿猫の理想的な環境」

3 外を見られる場所がある

窓際に外を眺められる場所を作ってあげましょう。歳を取っても上れるように、工夫をしてあげると良いでしょう。

4 自由に動けるスペースがある

家の中で好きに移動できるスペースがある。多頭飼いの場合は、相性の悪い猫同士が顔を合わせないで過ごせる空間があると良いでしょう。

この4つに、パート2に登場した、「トイレを常にきれいに」「お水を飲みやすく」をプラスすることが、ご長寿猫のご家庭に共通する〝智恵〟と言えるでしょう。

Column

外を見ることについて

猫は何故外を見つめるのか？　実は縄張りを眺めているのです。〝大将が見張り台から陣地を眺める〟そんな気分で見ているのでしょう。でもよくよく見ると目を閉じてうたた寝してリラックスしていたり、夜間は見ていなかったりします。それもまた猫の習性ですので、外を眺める行動は体調の良い証ということです。

若いうちは鋭い動体視力と聴力で狩猟本能を発揮し、怪しい猫が接近すれば警戒態勢となります。ところが長寿猫ともなれば自分の居場所は安全と心得ているので慌てたりしません。うたた寝したままです。

眺めは視界が開けて日差しが差し込む窓辺を好みます。樹々があれば申し分ありません。また外を眺めているからといって散歩の気遣いは不要です。室内飼いの猫にとって知らない場所に出るのは激しいストレスとなります。もし本気で脱走を企てているならばドアで待つはずです。

外を見ている猫が退屈そうなら、室内に隠れる場所や上下運動ができる仕掛けを整えたり、爪とぎ、おもちゃなどを用意してあげると理想的な住環境に近づくでしょう。でも若齢期の猫ならともかく、長寿猫だとそうもいきません。ただ両者が最も望んでいるのは、飼い主と暮らす居心地の良い居場所なのです。

田代さん＆菊ちゃん

ご長寿猫の理想的な住環境・生活スタイル

これを語るには、自分が長寿猫になったつもりで語らなければなりません。

室内ではまず外の景色が見える環境。さらに窓から樹木や青空が見えれば居心地は最高です。窓辺の居場所は、歳を取るとともに飛び上がるのに躊躇するようになるかもしれません。そんな時は、段差を作ってゆっくり上がれるようにしたいところです。そして季節によって涼しい場所、温かい場所、あるいは飼い主のそばなど自由に動けるスペースもあったら最高です。贅沢より衛生観念を大切にします。

トイレは常に清潔であることを望みます。汚れていると、どうしても我慢したり、ためらって体に負担がかかります。それとトイレ容器を低くしてもらえるとまたぎやすくて助かります。歳を取るとトイレの回数が多くなるので、近くにもう一つ用意してもらえると助かります。

猫は本来単独を好むものでしたが、人間のそばにいたいのがイエネコの習性です。長寿になれば遊びや冒険はしませんが、飼い主とのコミュニケーションを重視してきます。例えば撫でながら優しく話しかけるのも良いでしょう。知恵ある長寿猫なら優しさを理解します。そして一定の距離を保つ長寿猫との暮らしは、人間関係にも言える距離感ではないかと思います。

アンケート番外編

君はどんなものが気に入ったの？（猫グッズについて）

猫と暮らすなかで、つい増えてしまうのが猫グッズ。大喜びで使ってくれたものもあれば、見向きもされず敢えなく“開封即お払い箱”になったものもあるはず。ここではそんな皆さんのグッズ事情を集めてみました。

やっぱり人気の定番はアレ！

まずオモチャで成功したのは、やはり一位は定番の猫じゃらし！

猫じゃらしは今（18 歳）でも大興奮します。（東京都・荻原さん＆ハナ）

と流石の人気。二位は手作りのオモチャ（紙を丸める、抜け毛を丸めてボールを作るなど）、三位は猫用レーザーポインター型オモチャでした。逆に失敗したのは電池を使って動いたり音が出るオモチャ。「ああ……」と頷かれる方も多いのではないでしょうか。

次に猫が生活する上で使うグッズで成功したのは、一位はまたたび、二位はキャットタワーと猫ハウスでした。またたびは爪研ぎなどに振りかけて使うというのが一番多く、タワーは運動不足の解消、ハウスはのんびりお昼寝に最適で、こちらも定番と言えそうです。失敗したので票が集まったのは夏場の冷え冷えシート。「猫を思えばこそ」なんですけどねぇ……。

注目のアイテムはこちら！

では最後に、ご家族にとって猫と暮らす上で「便利で良かった！」というグッズを紹介しましょう。

こちらはペット用カーペットクリーナーから、ハーブ入りノミ取り首輪、爪研ぎ、ライブカメラ（ネットを経由して留守中の猫の様子が見られる）などが集まりました。

そのなかでも、人・猫ともに注目だったのはアンリッカラーと呼ばれる、柔らかい素材のエリザベスカラーです。

アンリッカラー

アンメランコリックカラーの略
猫さんをユウウツな気分にさせないカラーのこと

（良かったものは）猫友から頂いたアンリッカラーです。18 歳で初めてエリザベスカラーを着けることになり、あちこちぶつかって不自由していましたが、お陰でストレスが無くなりました。（青森県・樋口さん＆チビ）

という優れものですので、覚えておくとよいかもしれません。

またグッズ、というのとは少し違いますが、こんな素敵なお答えもありました。

夫がウクレレを弾いていると傍らに来て寝る。（神奈川県・マルさん＆なな）

なんとも羨ましい風景です。

パート4

大好きな君へ

10歳からの体調の変化、ケア、看取り、ペットロス、猫への感謝まで。

宮下さん＆シーちゃん、イチ君（仔猫）

ここからはご長寿猫の仔猫時代から現在までを振り返って頂き、改めて〝どんな性格〟で、〝どんな暮らし〟をしてきたのかを探ってみたいと思います。

まずは0歳から1歳までの様子を伺いました。

君はどんな子だったの？
（0歳から1歳について）

BEST 1	活発	55.2%
2	いたずら好き	26.0%
3	食いしん坊	21.9%
4	人見知り	19.8%
5	適度に活発	17.7%
6	臆病	16.7%
7	大人しい	9.4%
8	食が細い	6.3%
9	喧嘩はしない	5.2%
10	喧嘩好き	3.1%
	その他	28.1%

目立ったところでは、〝活発〟、〝いたずら好き〟、〝食いしん坊〟といったところで、元気な仔猫時代が窺われます。

体型はというと、

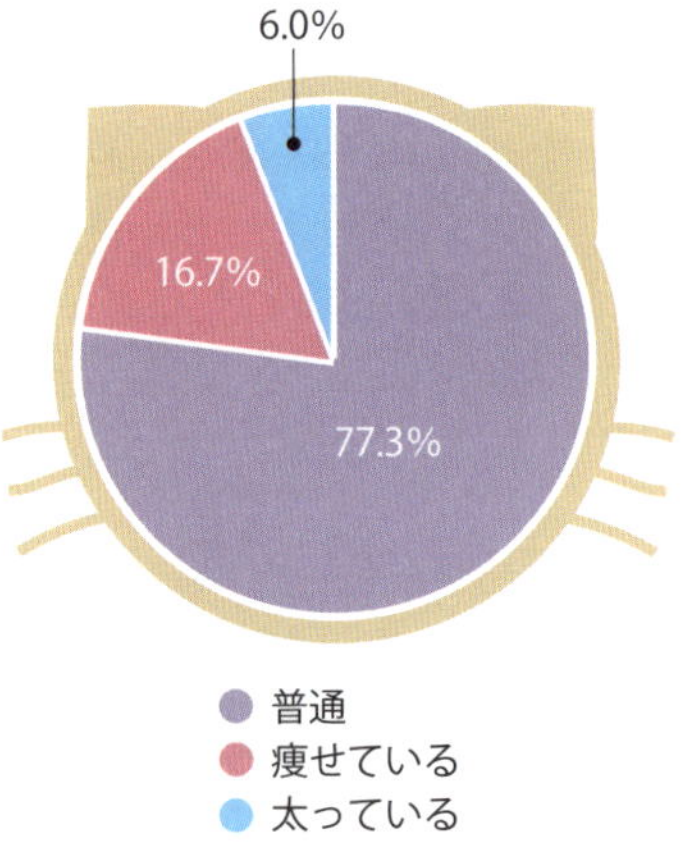

半数以上が〝普通〟で、意外なことに〝痩せている〟が二位でした。
この時期〝困ったこと〟として多く挙げられたのが、〝甘噛み〟と〝爪研ぎ〟です。

〝甘噛み〟については、「噛み返す」「手を突っこむ」というご意見が多く、

噛み癖があったので、母親猫の真似をして、「フーッツ！」と唸った。それでも止めない時は毛皮を噛んで「やってはいけない」と教えた。（福岡県・書肆吾輩堂さん＆ゴンチャロフ）

甘噛み→噛まれた手を口に突っ込む。（東京都・たまぴさん＆めんめ）

といったお答えを頂きました。

一方の〝爪研ぎ〟については、

ソファーで爪研ぎ、家族は諦めた。（神奈川県・あっちゃんさん＆マミちゃん）

と、「諦めた」という意見が一番多い結果となりました。とは言え、市販の爪研ぎは効果があるようで、猫グッズで「買って良かった」というご意見も沢山頂いています。

逆に嬉しかったことでは、

新聞を読んでいると肩に乗ってきた。（愛知県・鈴木さん＆ミーシャ）

仕事に出かける時は「行かないで、行かないで」とよく鳴いて困りました。帰宅時間にも必ず玄関に迎えにきていて、本当にかわいかったですね。お迎えは生涯続きました。（静岡県・kazuさん＆シルバー）

では今度は、1歳から10歳（青年から中年、初老期）はどんな猫だったのでしょう？

鈴木さん＆ミーシャ

君はどんな青春を過ごしたの？
（1歳から10歳について）

こちらは〝人懐っこい〟から〝臆病な猫〟、〝いたずら者〟から〝大人しい子〟と様々なお答えが集まりました。

ワガママでしたが、3歳と7歳の時に私に娘が生まれて、どんなに弄られても絶対に子供達を噛んだり引っ掻いたりはしませんでした。ねずみやヘビを捕まえて家に持ってくるのには閉口しました。（秋田県・小山さん&にゃんこ）

相変わらず人が大好き。友達が来ると抱っこを迫り、自分から首に手を回して友達に抱きつくので、何人もの友達がこの子を誘拐しようとしました。（東京都・おかさん&ぽち）

少し人見知りになった。私に二人子供が生まれ、小さい時は見守ってくれてました。引っ越しが一度ありましたが、まったく動じなかったです。子供の友達が家に来ると押し入れやタンスに隠れてしまい、まったく出てこなかった。家族以外の男性が嫌いになってきた。（東京都・小ちえさん&シーちゃん）

おしゃべりな猫で、電話で話していると、それが気に入らないようで物凄く鳴いて抗議を受けました。今も長電話しすぎると、文句を言いだします。（東京都・桂さん&さくら）

夫となり、また父となったシルバーですが、普段は妻のお尻に敷かれていて、夫婦喧嘩に勝った姿を見たことがありません。しかし、家に野良猫ちゃんが

並木さん&うりめろん

侵入した時には一家の主として、果敢に野良ちゃんに挑み、撃退していました。そのように、10歳くらいまでは気性の激しいところも時折目撃しました。（静岡県・kazuさん&シルバー）

とにかくやる気がなくて、のんびりした猫でした。病院には避妊手術の時に行ったきり、一度もお世話になりませんでした。猫缶が大好きでしたが、高い猫缶は食べませんでした。三缶で数百円のミオしか食べませんでした。（千葉県・並木さん&うりめろん）

朝、お腹がすくと、キャットタワーの上からジャンプして起こされた。夫と出会った当初、私の見えないところで夫を威嚇していたらしいです。（千葉県・こたママさん&こたろう）

そして、予想通り集まったのがこちらのお答えです。

雀を獲るのが得意で口にくわえて「ニャーオ！」と大きな声で私を呼ぶ。最初は「駄目！」と怒ってしまったが、得意にしていることなので褒めてあげるようにしていました。（神奈川県・マルさん&なな）

外で鳥やトカゲなどの狩りをしていた。夏の朝、玄関を出ると顔のない蝉が、きれいに横一列に並べて私たちに見せていた。（神奈川県・あっちゃんさん&マミちゃん）

新潟から飛ばされた伝書鳩をくわえてきてしまい、鳩に付いていた番号から持ち主に返すなど、とにかく好奇心旺

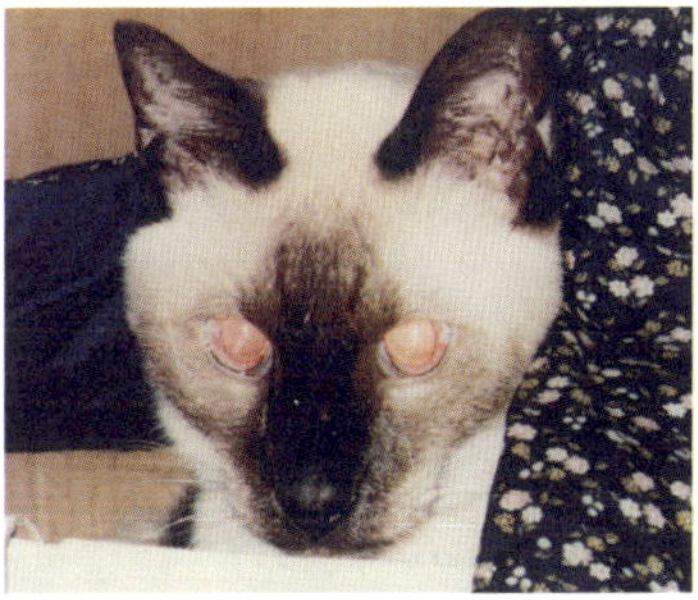
kazu さん＆シルバー

盛な元気な猫でした。（愛知県・神谷さん＆くっち）

どれも威張った顔をしている猫の姿が浮かびますね。

気になる病気については、

元気で本当に活発な仔でした。人間の言葉を理解しているとしか思えないほど頭の良い猫で、大きな病気をすることもありませんでした。（東京都・岩瀬さん＆モモ）

というお答えがある反面、この時期に、「病気や怪我をした」というお答えもありました。

脱走して、寄生虫、ノミ、ダニが発生して病院通い。特にノミは大量発生して人間も噛まれてバルサンしました。（広島県・聖☆きのこさん＆ミルフィー）

腎臓が弱くてちょくちょく病院に通ったが、車に酔うのが可哀想だった。9歳の時膀胱結石の手術をした。（千葉県・沼田さん＆ミランダ）

2歳で転落、肺に穴、大腿骨複雑骨折に上顎が裂ける大怪我。最初は「足は切断」と言われましたが、なんとか手術をお願いして、腿の外に固定器具を付けて繋げてくれました。炎症や感染症も心配されましたが無事繋がり、その後は大きな疾病もなく長寿猫となりました。（愛知県・齊藤さん＆モモ）

沼田さん＆ミランダ

病気ではありませんが、切ない気持ちになったのはこちらです。

2003年前後は同居猫が三匹いて、どの猫ともよく遊び、活発で面倒見がよく、同時に甘えん坊だった。10歳になる頃には犬歯が2本になっていた。同時期に同居猫を次々と亡くし、年上の牝猫と自分だけに。その牝猫も亡くなり通夜の時、亡骸をずっと覗き込みながら横でお腹を見せて「遊ぼう」と言い続けていた。しばらくは私が外出すると、帰るまで出窓に張り付いて外を見ているような状態だった。（神奈川県・波多野さん＆ダンボ）

……よほど仲が良かったんでしょうね。

　こうしたお答えもあるものの、全体的には、1歳から10歳までの間では、概ね大きな怪我もなく、健康に過ごしたというものがほとんどでした。

　また、「大人になってからの猫エイズキャリアです」というミーちゃん（愛知県・金子さん）は、19歳で現役という、多くの人を勇気づけるお答えも頂いています。

　さて、この時期女の子猫で気になるのは、出産経験の有無ですが、結果は〝していない〟が83・9パーセントという結果でした。

では体型はどうでしょう？

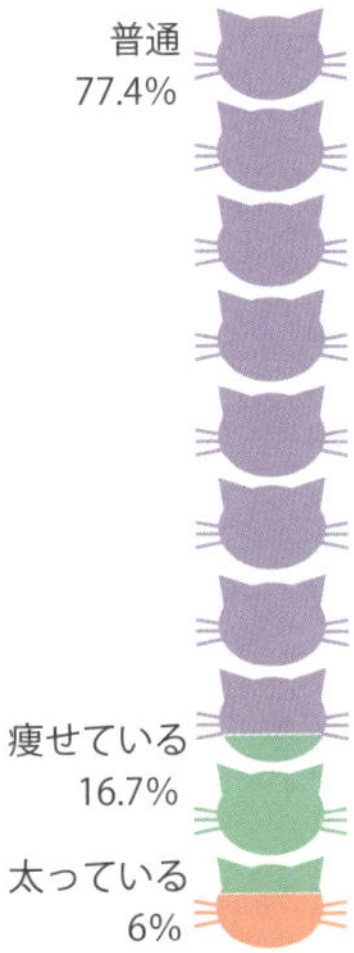

この結果を見る限り〝普通〟が一番多いようです。

齊藤さん＆モモ

ここからはいよいよ老齢と呼ばれる、11歳から現在までの様子を伺ってみましょう。

最近はどう？（11歳～現在について）

こちらはまず全体の傾向として、早い猫では10歳くらいから「痩せてきた」、「寝る時間が長くなる」というお答えがありました。14～16歳がピークで、16歳を過ぎると、目・耳が悪くなり、徐々に〝老猫〟となっていく姿がうかがえます。

それでは頂いたお答えをご紹介していきましょう。

〝歳を取ったな〟と感じたのは16歳の頃に口の周りの毛が白髪になってきて、瞳の色が薄くなり、高いところに登らなくなった時。この頃、毛繕いもしなくなり、寝ている時間が長くなった。（静岡県・月子さん＆あんこ）

大体17歳くらい超えて寝てばかり。18歳で足腰弱って玄関の上り下りがスムーズでなくなった。（埼玉県・とむさん＆れもん）

18歳の頃からよだれを出すようになった。階段の上り下りや動きがゆっくりになった。（神奈川県・マルさん＆なな）

19歳頃、相方の雄猫サー君が亡くなってから、夜鳴きや階段の上り下りを億劫がってきました。ジャンプできるけど、よっこいしょ的になってきた。20歳を過ぎて、方向転換する時よろけたりします。

マルさん＆なな

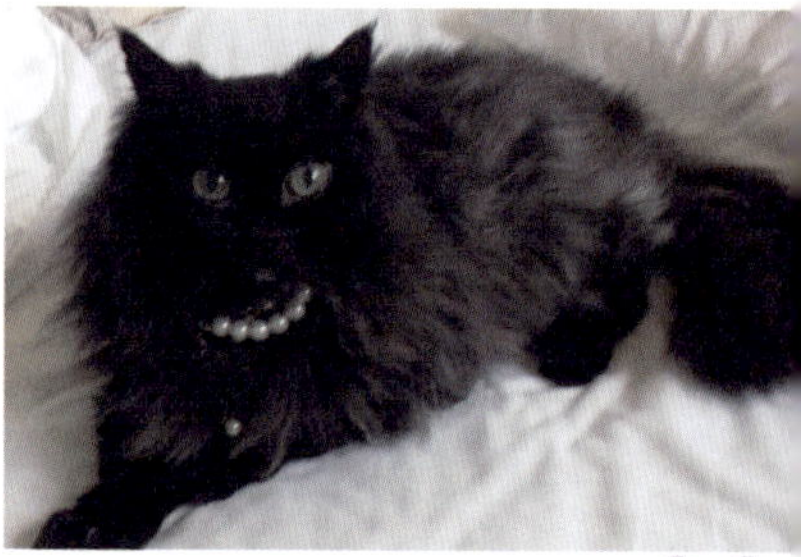
月子さん＆あんこ

（東京都・小ちえさん＆シーちゃん）

また、「歳を取ると性格が変わる」というお答えも多く頂いています。

次第に性格が丸くなり、母や父が部屋に入っても怒らなくなりました。（愛知県・鈴木さん＆みゆ）

運動量は減り、寝ている時間が長くなりました。運動能力の衰えはあまりなかったですが、性格は穏やかに、子供っぽくなっていったように思います。（静岡県・kazuさん＆シルバー）

15歳を過ぎくらいから私の布団の中に入ってくるようになった。若い頃は構われるのが好きではなかったが、晩年はそばに居たがった。（千葉県・沼田さん＆ミランダ）

どんどん私になついて、距離が近くなった。（東京都・大竹さん＆あびび）

どうして歳を取ると性格が変わるのか？　この辺りも気になるところです。

では、飼い主さんは猫のどんなところから歳を感じたのでしょう？　そのきっかけを伺ってみました。

ロフトベットに飛び上がるのを、失敗する回数が増えて、だんだん寝てる時間が増えて、自主運動会の回数が減った。15歳くらいかな？（東京都・asamiさん＆ウメ）

大竹さん＆あびび

鈴木さん＆みゆ

17歳くらいからご飯はよく食べるのに痩せてきた。（埼玉県・テニスクラブ大井ファミリーさん＆うみちゃん）

もともと少食ですが、さらに食が細くなり、猫じゃらしに反応しなくなったこと。（神奈川県・永井さん＆Nyasama）

14歳の時に肺を患い入院して、「あと1年」と言われ、退院してから急に老猫になってしまった。1週間前までは高い所に登って飛び跳ねていたのに、その1週間を境に急に老猫期に入った感触でした。食も細くなって、走ったり遊んだりも急にしなくなった。（東京都・栗谷さん＆いしだい）

サヴォイは16歳ぐらいから、白髪が増えてきて、シャム猫らしさが薄れてきた。ティッタは18歳ぐらいから、全体に色が薄くなって艶が悪くなった。シルヴィーは20歳ぐらいから、どうも耳が聞こえていないようで、呼んでも反応しなくなった。（東京都・遠山さん＆サヴォイ・ティッタ・シルヴィー）

黒猫なのに白髪が出てきて、歩き方が頼りなくなった。寝る時間が長くなった。（埼玉県・島袋さん＆ベル）

皆さんからのお答えをまとめると、

ポイント
寝る時間が長くなる
痩せる
上り下りをしなくなる

が老猫になった合図と言えそうです。

島袋さん＆ベル

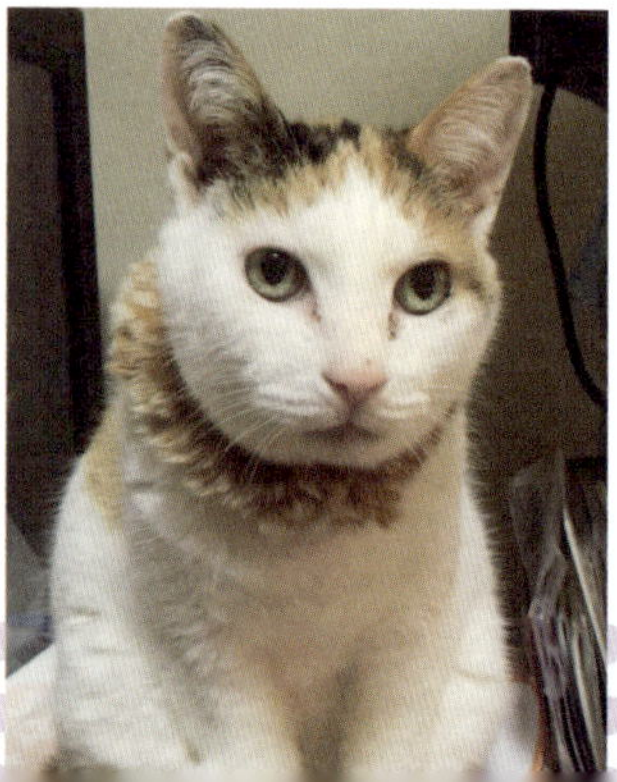
永井さん＆Nyasama

ご家族が感じた

10歳を越えてからの体調の変化

18歳〜　16〜17歳　12〜15歳　10〜11歳

痩せてくる
白髪が出てくる
寝る時間が長くなる
動きがゆっくりになる
運動量が減る
高いところに行かなくなる
病気になる（腎臓病を含む）
寝る時間が長くなる
爪研ぎをしなくなる
毛繕いをしなくなる
歯が抜ける
食べなくなる（カリカリが食べられなくなる）
性格が変わる
毛づやがなくなる
目・耳が悪くなる
おもらしが始まる
よろける

10歳を越えてからの体型は？

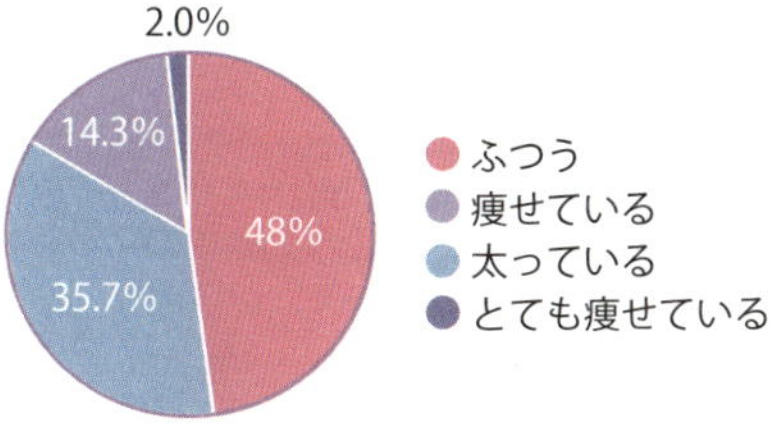

何歳の時に変化に気づきましたか？

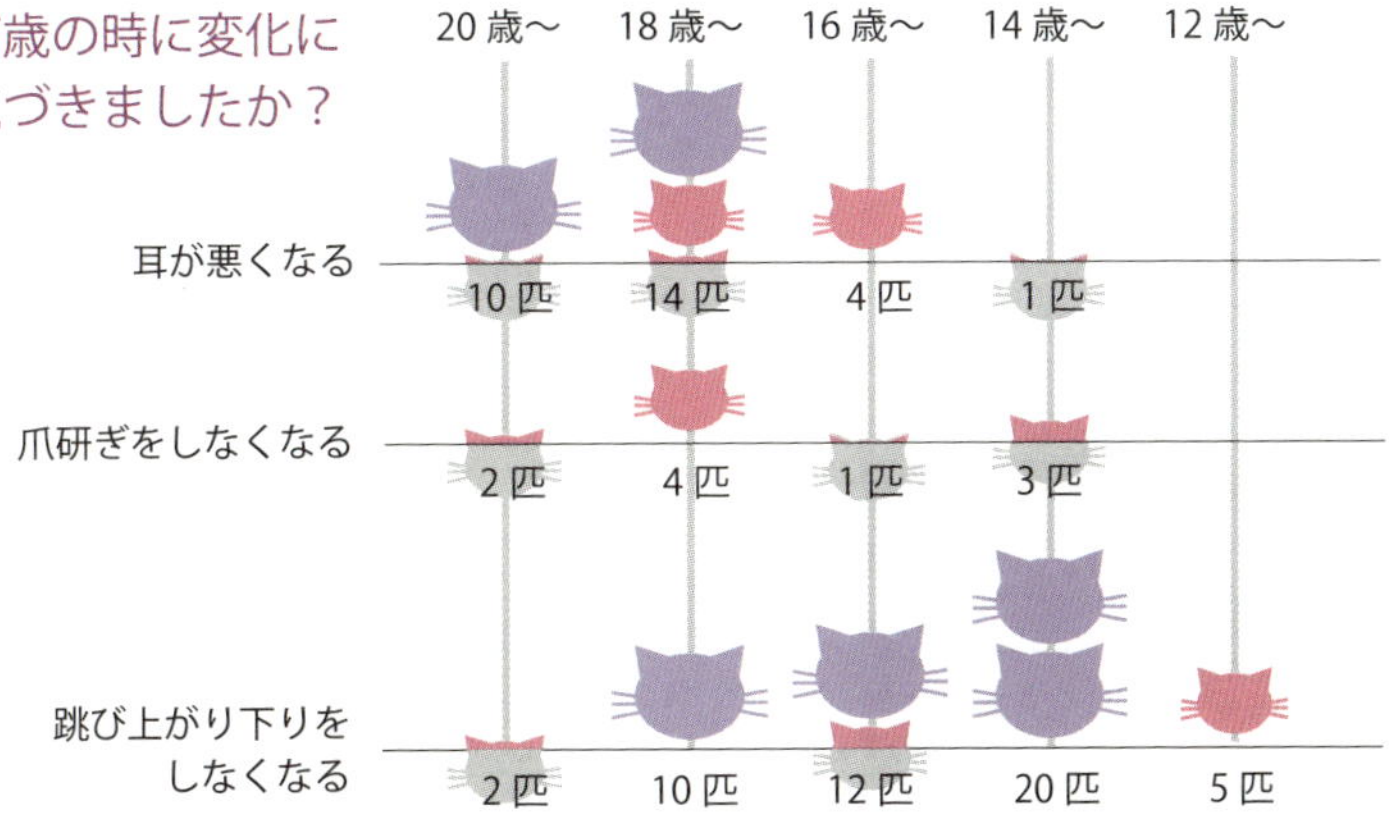

ご長寿猫研究会 2016

その一方でみんなが老猫らしくなるかと言えば、そうでもないようです。

7年前（14歳の時）に一戸建てに引っ越し、二階までの階段や棚の上に飛び回ったり、物凄～く活発に元気になりました。（三重県・笠ふきさん&トト）

12歳くらいから高い所にあまり登らず、16歳くらいからは寝てる時間が長くなり、体重も少々軽くなりました。ただ食欲はあるし、若々しい。動物病院にはだいたい一年に一回血液チェックに行くようにしていますが、年々肝臓や血糖値の数値が良くなっています。（東京都・桂さん&さくら）

食器棚の上などには、亡くなる一週間くらい前まで軽々とジャンプしてました。（東京都・栗谷さん&けむりちゃん）

このあたりは、やはり猫によって違うとしか言いようがないようです。

また11歳を超えてからの出来事で、こんな凄いお答えもありました。

一度、車にひかれ、胸の皮を持って行かれ、獣医さんに連れて行った時は、肛門から腸がはみ出していました。その後無事生還し、22歳まで生きました。（山梨県・はるかさん&オリーブ）

夜、鳴くことはある？（夜鳴きについて）

耳が遠くなるとともに始まるのが夜鳴きです。アンケートのお答えを見ると、

桂さん&さくら

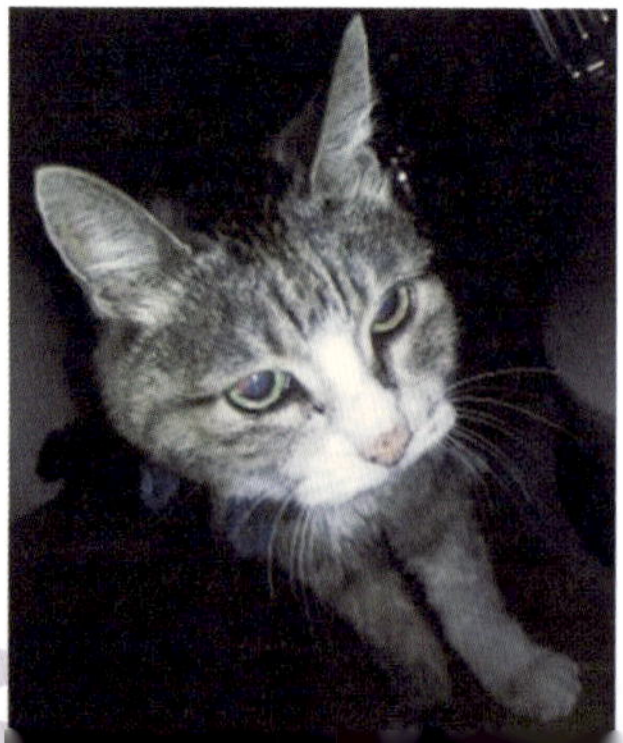
笠ふきさん&トト

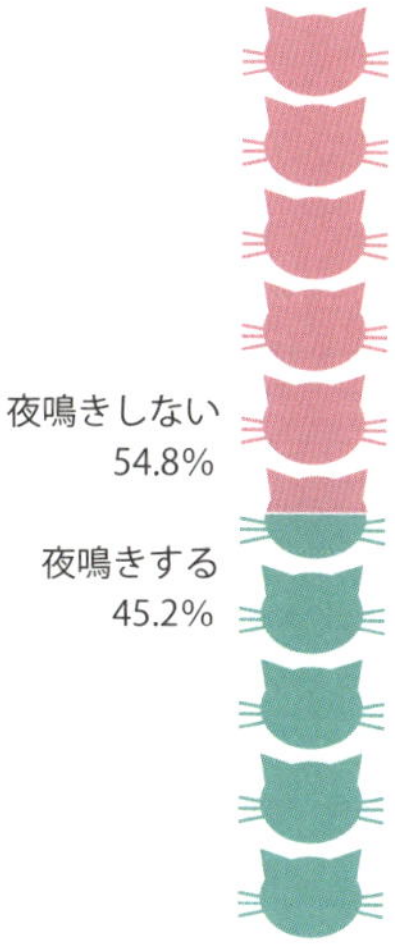

おおよそ半数近くのご家庭で夜鳴きがあることが分かります。では、皆さんはどう対処しているのでしょう？

20歳過ぎて昼間に突然大きな声でずっと鳴くようになる。名前を呼んで、体を撫でて声を掛けてあげると鳴き止んだ。（カリフォルニア州・Kayokoさん＆マヤン）

大声で鳴き出したら近寄ったり話しかけています。話しかけたり、私の姿が見えると鳴き止みます。（東京都・栗谷さん＆いしだい）

時々寂しいのか鳴く。名前を呼ぶと安心してそばに来る。（東京都・進藤さん＆メイ）

一時期ありましたが「そっかー、鳴いていいよー」って言うと静かになりました。１週間は続かなかったと思います。（神奈川県・ねろたんさん＆ねろ）

夜中にオンオン鳴いていました。よくヌイグルミをくわえて鳴いていたので獲物に見立てていたのかもしれません。そのヌイグルミを受け取り、「よしよし」と褒めると鳴きやみました。（福岡県・書肆　吾輩堂さん＆ゴンチャロフ）

など、声をかけることで大人しくなることもあるようです。その他、〝布団の中に入れると収まる〟や〝諦める〟といったお答えを頂いています。

書肆 吾輩堂さん＆ゴンチャロフ
photo Hisomasa Otsuka

Column

体型について、猫に適正体重はあるの？

巨大な猫って好かれます。ネットなどでも太っている猫は喜ばれたりしていて、まるで力士を見ているような感覚になるのかも知れません。

今回のアンケートでは、皆さん若かった頃は普通か痩せ気味だったと言います。ところが別の調査では、室内飼いの40パーセントは肥満とも言われているので、これは飼い主さんから見た甘い自己申告かなと思ったりします。或いは太っていてもそれに気付かないだけかもしれません。一般的な猫の体重は3～5キロですが、品種や個体差があるのでそれぞれです。

猫の適正体重は、1歳時が理想体重と言われています。肥満度をチェックする三つの方法があり、5段階評価のＢＣＳ（ボディコンディションスコア）、7段階評価のチャート、胴周りと膝から踵までの長さとの比から導き出すＦＢＭＩ（猫のＢＭＩ）などがあります。大雑把ですが、簡単な指針としては、すごく太っていれば現体重の2割減、少し太っているならば1割減すると適正体重です。或いは運動量を増やすなどすれば良いのですが、長寿猫のみなさんはよく食べてらっしゃるのが特徴です。

歳を取ると性格が変わる？

元々の性格というものは基本的に変わりません。ただ環境によって習性に変化を来します。

ただ猫だって歳とともに性格が形成されていきます。いつまでも仔猫ではありません。成猫になるにつれ、人との調和が強化され、猫はさらに人に歩み寄り、落ち着きが滲み出てきます。それが甘えと映り、穏やかな姿となって現れます。つまり行動の良し悪しが猫に認知され、条件づけされていくということです。

アンケートから若くて体重が軽いうちは、壁を登り、何かにジャレついたり、走り回ったり、じっとしていることがありません。狩りもお手のものです。次第に体も大きくなれば遊びが減り、その学習経験から落ち着いてくるわけです。これらは性格というより運動機能に変化をもたらしたと言えます。

それでも多くの場合、歳とともに人と一緒にいたがるようになります。高いところに居場所を作り、こちらを観察しているのもそのひとつです。猫自身、老化が始まることで不安がよぎるはずです。昔の勢いはなく、攻撃性もなくなり、何事にも動じなくなり、眠ることも多くなれば、性格も姿も丸くなるわけです。つまり知恵のある長寿猫は無駄な動きをしないと言った方が正しいのです。

Column

猫はいつから老猫になるのでしょうか？

生後30週齢までの猫であれば感覚機能と運動機能の発達で、新生子期、移行期、社会化期、若齢期などに分けられます。ただ老化については年齢では決められません。しかし老化のサインはあります。

老化のサインとは、人間と同じで外的に老化が目立った状態を指します。

アンケートにあるように顔に白髪、体毛の毛艶が失せ、顔や腰の筋肉は落ち、関節は硬くなってジャンプにためらい、トボトボ歩く姿がそれに当たります。老化が進めば四肢に力が入らずトイレを失敗することもあります。爪とぎもしなくなると爪が伸び、巻き爪になることもあります。また視力や聴力の低下から反応が鈍ります。これらの機能の変化は、早ければ7歳頃から見られる猫もいれば、12歳頃からようやく現れる猫もいるので単純に年齢では区分けができないのです。

猫自身は、今までできていたものが、できなくなるという喪失感を真っ先に認識しています。それを打ち消すように食事を選り好みしたり、好まない状況は避けたり、という内的な変化が起こります。また寝ることが多くなるのは、好奇心が薄らぎ、無駄な労力を使わなくなったためと考えたいです。これらはむしろ老

一般的な猫の成長過程を人間の年齢であてはめたもの

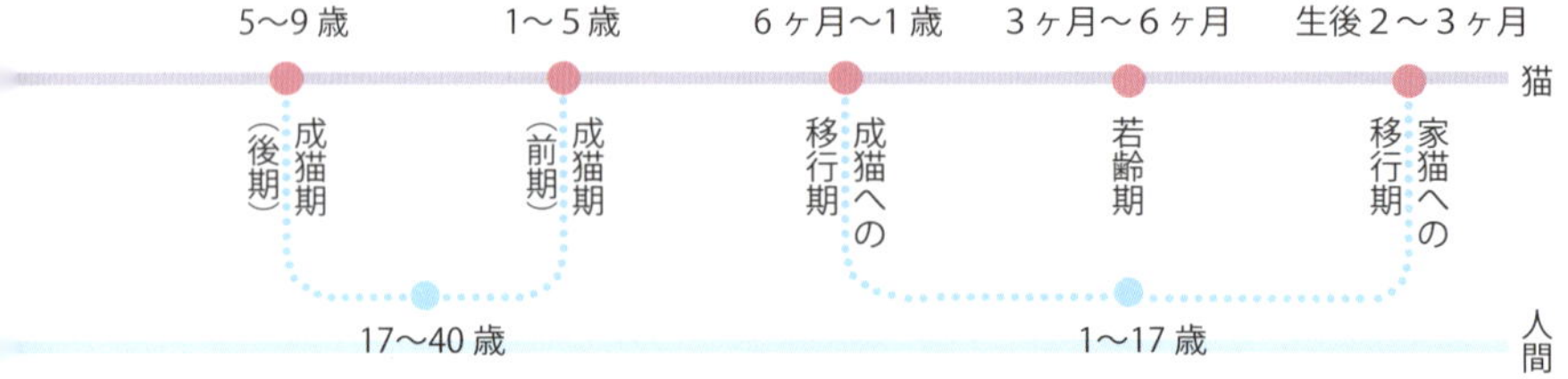

ご長寿猫研究会 2016

化というより知恵が高まったと言えます。

猫の老化のサインは、飼い主にも喪失感を伴いますが、猫にしてみれば、恍惚の不安はあるものの、心まで老化はしたくないと思っているでしょう。飼い主と一緒にいる時間を増やし、情緒的交流をしていたいです。日記や画像で記録しておけば健康管理にも役立つでしょう。逆に猫にとっての不安要素は老化を早めます。ですからあまり生活環境は変えないようにしましょう。

飼い主は、こうした老化を理解するために、多角的な高齢猫の心理アセスメント（評価）が必要です。健康面を医学的に、ストレスを社会的に、家計や住宅構造を環境的な要因といったように、総合的に視野に入れて考えておきたいところです。

そして『ブレーメンの音楽隊』のように、互いを自助し、現実的に暮らす道を選択してほしいです。

永井さん＆ Nyasama

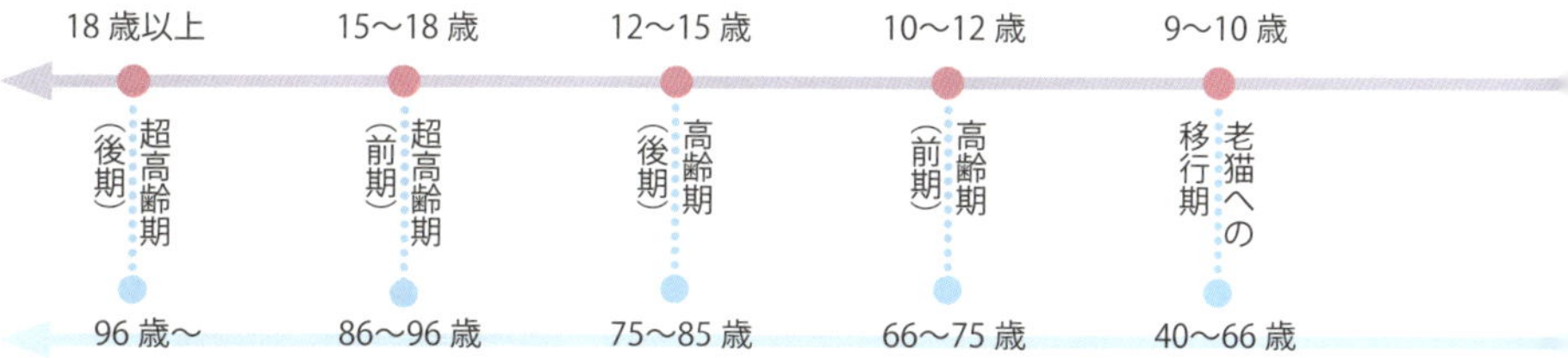

具合の悪いところはある？
（持病について）

歳を取るとともにいわゆる〝持病〟と呼ばれる慢性的な病気が登場するものですが、ご長寿猫さんの場合はどうでしょう？

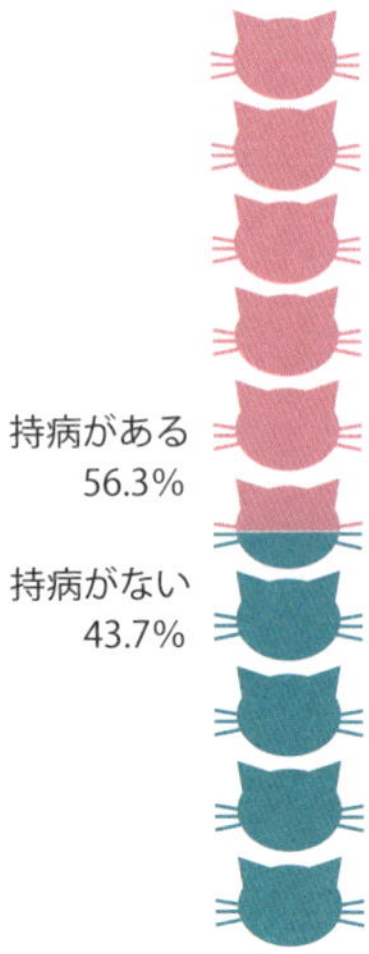

おおよそ半数以上が〝ある〟というお答えでした。では、その内容を見てみましょう。

こちらは予想どおり〝腎不全（腎臓病）〟がトップ、以下、甲状腺異常、心臓病と続いています。

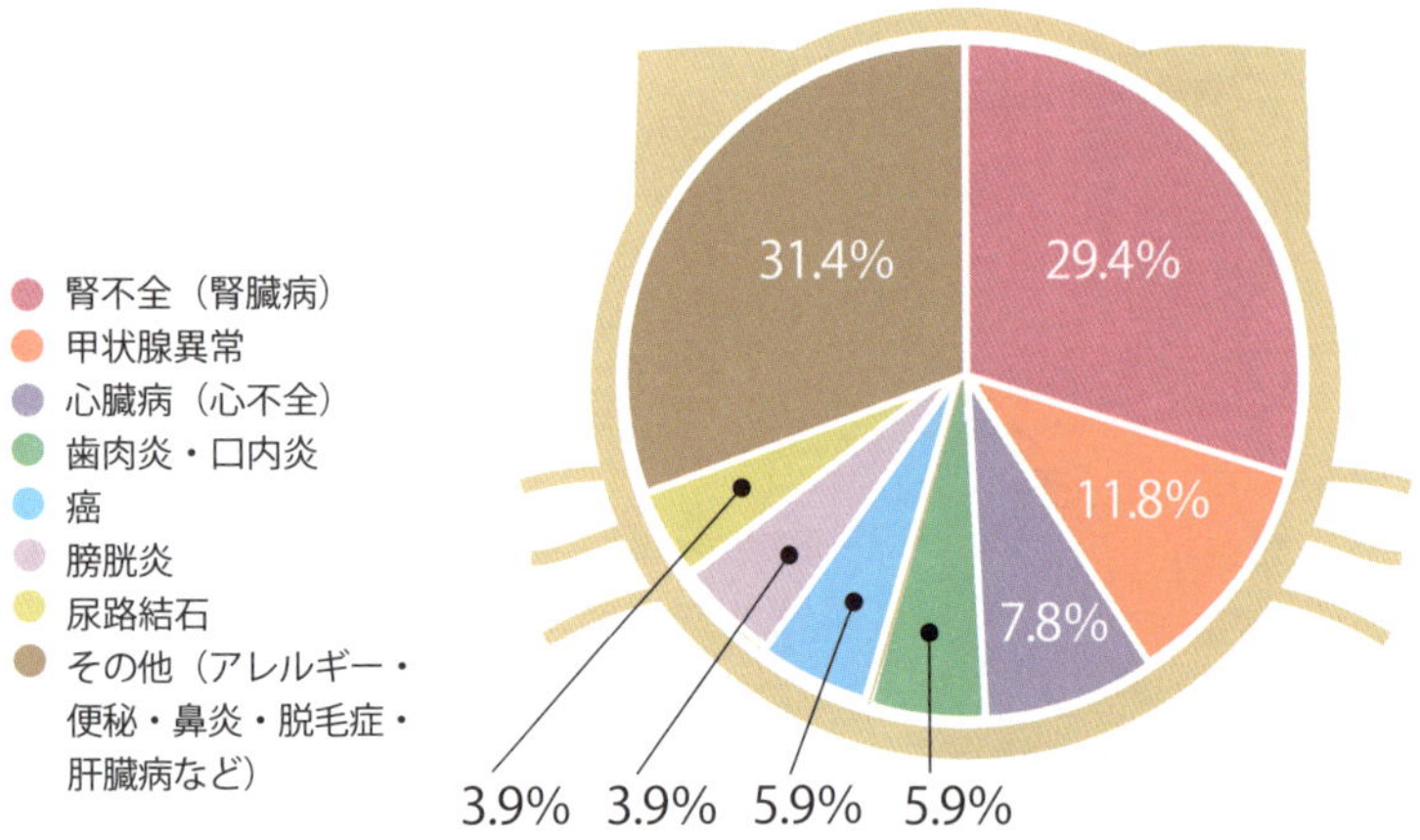

さくらさん＆ツナちゃん

さくらさん＆ユメ子ちゃん

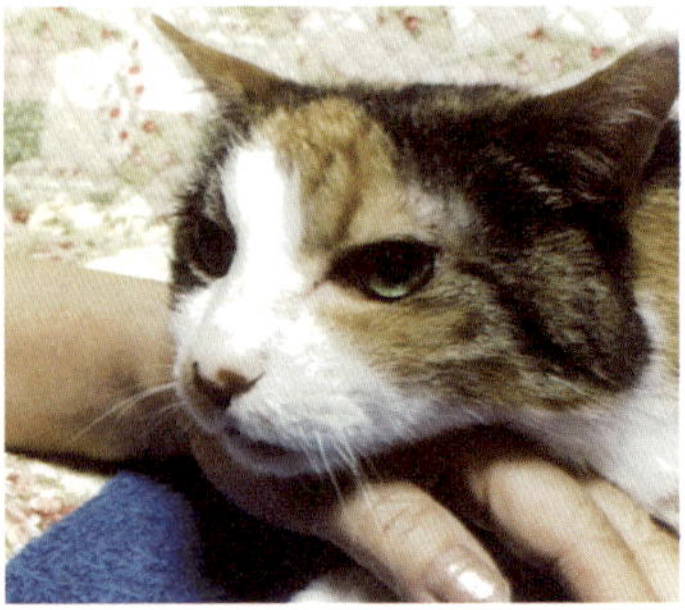

それではお答えをご紹介していきましょう。

持病は腎臓病と心臓病です。毎月血液検査に行き、毎日薬をご飯にまぜてあげています。（愛知県・河生さん＆ナナ）

腎不全だったが、毎日飲んでいた錠剤のおかげで進行を抑えられていた。臨終の時も腎臓はちゃんと機能していた。（千葉県・中島さん＆なあな）

甲状腺機能亢進症には粉薬の投薬、腎臓機能低下にはロイヤルカナンの療法食で対応しました。（東京都・畠山さん＆ととこ）

それにしても、何故、猫は腎臓病になりやすいのか？　改めて野澤先生に伺っています。

その他にもこんなお答えを頂きました。

アレルギーになり2年くらい前から、病院で飲み薬をもらって飲んでいます。（神奈川県・さくらさん＆ツナちゃん・ユメ子）

生まれてからずっとアレルギーがあり、皮膚が弱い。時折薬を飲ませているが、舐めすぎるので服を着せている。（東京都・進藤さん＆マイ）

こうしたお答えを頂く一方で、「まだまだ元気です」、「最後まで全然大丈夫でした」といったお答えも頂いています。

20歳で死ぬまでまったく何もありませ

進藤さん＆マイ

んでした。避妊手術以外で病院へ行ったことはありません。（愛知県・齊藤さん＆グレ）

特に本当になにもなく、亡くなる一ヶ月前に歯が抜けました。それまでは病気も一切してません。（東京都・よしこさん＆およよ）

人も猫も同じで、それぞれに性格も体質も違えば、生活環境も違うので、何がこうした違いになっているのかは分かりません。

ただ、どちらのお答えからも、最後まで寄り添いケアをしているご家族の様子が窺われます。

また、腎臓の他にも歳を取ると起こりやすい、前足の関節の変形についてもどんなケアをしているかを合わせて伺ってみました。

どんなに食べるものに気をつけても、腎臓は悪くなるので、この病は完治させるのではなく、細く長く生きられるように共存していく心構えが必要。（静岡県・くりぼうさん＆ミー）

腎臓病は素人判断ではどうにもならないので、信頼できる獣医さんと良好な関係を作ることが大事だと思います。関節は歳とともに悪くなるので、毎日の薬を飲ませて、ナナが上に登りたそうにした時は、抱いて載せています。（愛知県・河生さん＆ナナ）

前足関節の変形がありますので、抱いている時には優しく床に降ろしてあげ

河生さん＆ナナ

ること。腎不全は、最近獣医さんの薬を少し飲むようになりました。（東京都・扇田さん＆扇田チャチャ）

モノは噛めてる？（歯について）

人間も猫もご長寿になれば歯のトラブルはつきもの。特に口内炎・歯周病は一度なってしまうと完治は難しく、ご飯が食べられなくなると深刻です。

アンケートの結果を見ると、有効回答90のうち75パーセントが、「ある・ほとんどある」というお答えでした。

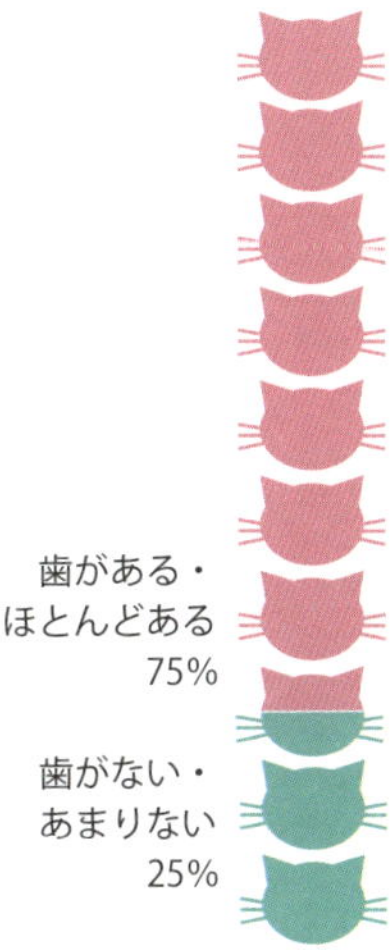

ドライフードを亡くなる直前までぼりぼり食べていたので歯は丈夫だったと思います。（新潟県・マユさん＆ぺぺ）

亡くなる1か月前に一本抜けましたが、それだけです。（東京都・よしこさん＆およよ）

ほとんど残っていた。ただ歯磨きしなかったので歯垢が溜まり歯肉炎になってしまった。（神奈川県・tenkomaruさん＆てん子）

パート2に登場した「歯磨きはしている？」58頁の回答がほぼゼロだったことを考えると、ご長寿猫の歯の丈夫さが窺われる結果です。逆に考えれば、もともと歯がそれほど丈夫ではない猫も、きちんと歯磨きを習慣化すること

マユさん＆ぺぺ

で、ご長寿に繋がるとも言えるかもしれません。

歯とご長寿の関係が気になるところです。

ぼんやりすることはある？（認知症について）

歳を取ると人間と同様、猫もぼけが始まります。アンケートにお答え頂いた皆さんはどうでしょう？

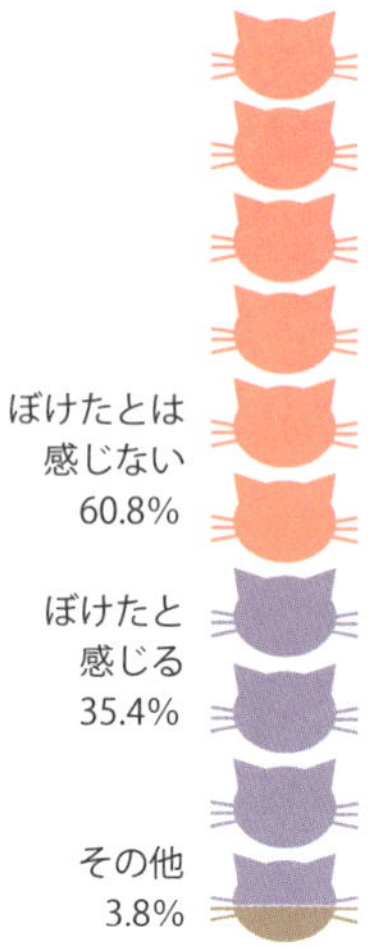

この結果を見ると、3匹に1匹くらいに認知症があると言えそうです。ただ、

最後まで、特に感じたことはありませんでした。猫の場合、ぼけたのかそうではないのか、まったく分かりませんでした。
（千葉県・市川&伊東さん・ちたま）

というお答えもあるとおり、トイレの失敗などは体力的な衰えからのものであることもあり、線引きは難しいところでしょう。

もちろん、しっかり症状として表れるケースもありましたので、どんな風に対処しているかをご紹介しておきましょう。

トイレの場所が分からなくなる時があるので、あちらこちらにペットシーツを敷いています。夜は紙おむつです。
（秋田県・小山さん&にゃんこ）

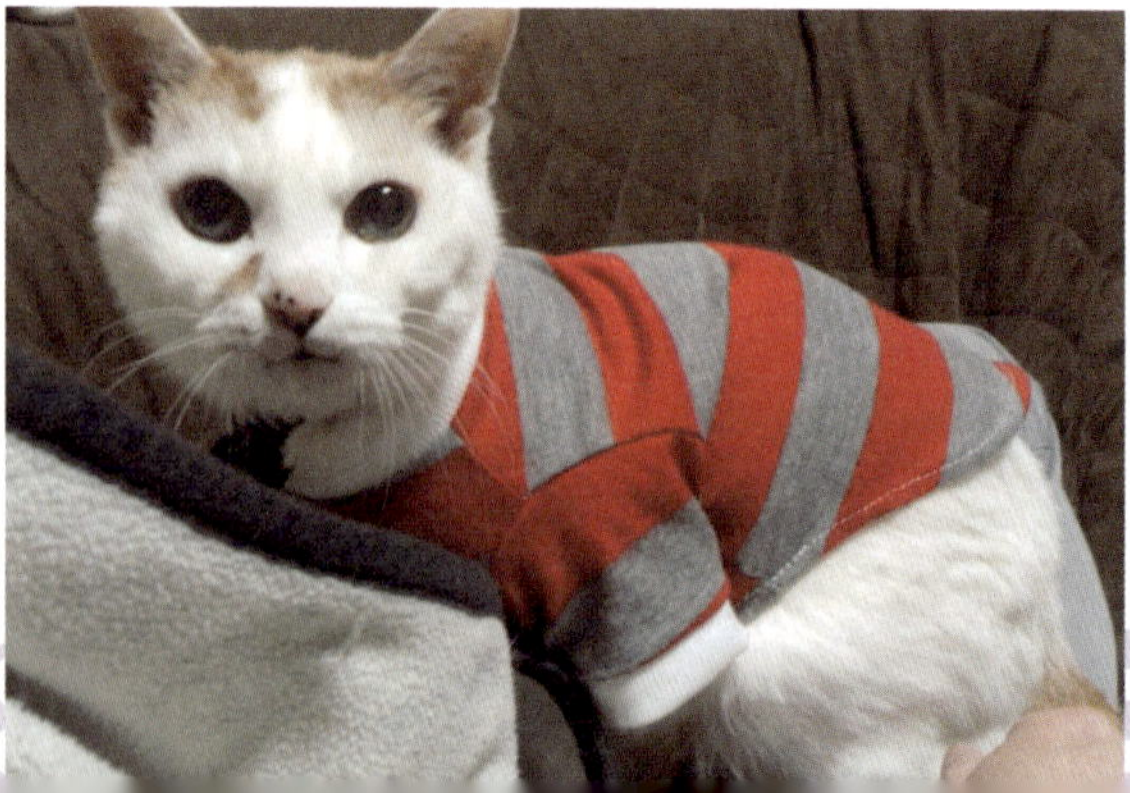
小山さん&にゃんこ

餌を与えても何度も催促する、大きな声で鳴き喚くなど。抱っこしてやると落ち着いたようです。（福岡県・書肆吾輩堂さん＆ゴンチャロフ）

認知症だと思った時は、眼と耳が遠いのも含め、手をパンパンと叩いて我に返させるようなことが必要でした。とにかく声をかけていました。（東京都・藤木さん＆アンコ）

認知はありますが特に何もしていません。（大阪府・中谷さん＆ちょび）

まだらぼけ。プライドを傷つけぬように怒らない。（三重県・笠ふきさん＆トト）

といったお答えもありました。

そうしたなかでも印象的なのがこちらのお答えです。

亡くなる2カ月ほど前、目つきが変わり私のことがちょっと分かっていないかもと思うシーンが増えました。ただ亡くなる1週間前からは、分かっているなということが増えて、〝旅立つのが近いかな〟と感じました。その反面、トイレを見ただけでその場でしてしまい、粗相が増えました。ただ本人はトイレでしている気満々で、それも可愛いいと思い、処理をしていました。その状態を何とかしようとせず、それでも可愛いのには変わりないので、受け止めていました。（神奈川県・ねろたんさん＆ねろ）

中谷さん＆ちょび

Column

どうして猫には腎臓病が多いのでしょう

高齢の猫の30パーセントは慢性腎臓病であると言われています。その理由は、腎臓の働きをする腎単位と呼ばれるネフロンが年齢とともに減少するからです。そのネフロンが60パーセント以上壊れると症状が現れます。それと猫は少ない水で生活することに長けている反面、濃縮した尿を作るため腎臓に負担がかかります。つまり高齢化した猫の腎機能と少ない飲水量が腎臓病を多くしている要因と言えます。

現在の多くのイエネコは、総合栄養食であるキャットフードを食べ、栄養バランスは良いのですが、あまり安いものは穀物がメインなので控えるべきです。ネフロンの減少でリンやナトリウムの排出能力が低下することで、高血圧や多飲多尿となります。ですからリンとナトリウムを抑制した食事が望ましいです。また塩分を控えることも腎臓の負担を減らせます。高齢化とともにフードはシニア用にすることがお勧めです。

腎臓病は早期発見で助かる病気ですから放っておきたくありません。特にトイレを綺麗にして排尿しやすくし、健全な生活を送ってもらいましょう。過剰に反応する必要はありませんが、高齢期に入ったら覚えておいて良い疾患であると思います。

猫の腎臓病は治らないのでしょうか?

先にも書いたとおり、高齢の猫に多い病気が慢性腎臓病ですが、早期発見により進行を遅らせることは可能です。ただし進行していると難しいと言われています。腎障害はじわじわと進行し、腎臓から尿への老廃物の排泄がうまくいかなくなると腎不全となり、さらには尿毒症を引き起こして危険な状態となります。ネフロンの回復は難しいので、早期に発見して進行を遅らせる治療が重要となります。

特徴的な症状は多飲多尿です。「たくさん水を飲み、尿の量が増えた」、「体重が急に減っている」と思ったら早期発見のためにも獣医師に相談しましょう。目安は1日に体重1キロあたり60ミリリットル以上飲んでいるようなら多飲です。尿の量も猫砂で判断出来るようにしておきたいところです。その他にも、食欲低下、嘔吐、脱水、貧血、口内炎などの症状があります。

検査は尿、血液、超音波などを組み合わせて診断しますが、食欲低下や体重減少などの症状があると、ステージⅢの腎不全期であることが多いです。

治療には三つの方法があり、一つは腎臓病用処方食によって進行を遅らせます。高血圧、甲状腺機能亢進症などの併発があればそちらも治療。食欲不振や嘔吐、脱水の症状であれば対処療法として点滴治療を主体に治療をしていきます。猫自身の性格もあるので、主治医の先生とよく相談されるのが最善と思われます。

Column

猫の歯と寿命について

長寿猫だから歯は大切にしていると思ったら、誰も猫の歯を磨いていないというアンケートの結果でした。

それではみんな歯が健康なのかというとそうではなく、歯垢があったり歯が抜けていたりしているのです。昔から「歯が健康な猫は病気にかからない」と言われていますが、果たして歯が長寿に起因するのか、とても気になるところです。

実は猫の大半は歯肉炎であると言われています。歯垢を放っておくことで、歯肉炎や歯周病へと進行し、最終的には歯槽膿漏になって歯が抜けてしまいます。そうなると痛いしご飯が食べづらくなります。また歯石から口の中で細菌が繁殖し、歯茎から細菌が体内にまわり、血液を通して心臓や腎臓に炎症を引き起こす危険性もあり、命にも関わります。また猫自身の免疫力にも影響し、その結果、歯肉炎がさらに進行していくのです。ですから診察室では、マウスケアに重点をおくことにしています。

口腔内の衛生には気をつけなければいけませんが、アンケートから窺われるのは、歯や歯茎が悪くても、それを物ともしない食欲さえあれば長寿猫になれるということです。逆に言えば口腔ケアと寿命との可能性を感じるところでもあります。

猫の認知症について

認知症とは、人間と同じく脳神経細胞が正常に働かなくなり、知的機能が低下するものです。それによって日常生活に支障を来したりします。言葉を持たない猫の認知症の診察には観察法が使われ、最近では日常の様子を飼い主に動画を撮ってもらうようにしています。そうすることで他の鑑別診断にも役立ちます。

アンケートからも3分の1の長寿猫の飼い主が認知症を認識しており、その中でも顕著なのが夜鳴きだということが分かりました。また、〝声をかけると収まる〟、ということは、意識はあり、何かを訴えようとしているのかと思われます。さらに観察すれば要求が分かることもあるでしょう。

徘徊やトイレの粗相などもあったりしますが、これらは作業記憶の低下であって、ゆっくりと進行していくのが特徴です。

猫の認知症の原因は、高齢だけでなく、精神的問題として心身のバランスにも注意して、見落としているストレスはないか見つけてあげることも大切です。予防には運動、食事、コミュニケーションが大事で、これには飼い主のお世話を必要とします。おもちゃを使った遊びや、スキンシップで身体的、情緒的に接して機能を活性化させてあげましょう。食べ物では抗酸化力のあるＤＨＡやＥＰＡ、オリゴノールなどを配合したキャットフードやサプリメントが予防策と言われています。

君に主治医はいる？
（病院と定期的な健康診断について）

歳とともにお世話になる機会が増えてくるのが病院です。

アンケートで皆さんに「掛かり付けの病院の数」を伺ったところ、「一軒」という答えが一番多いことが分かりました。

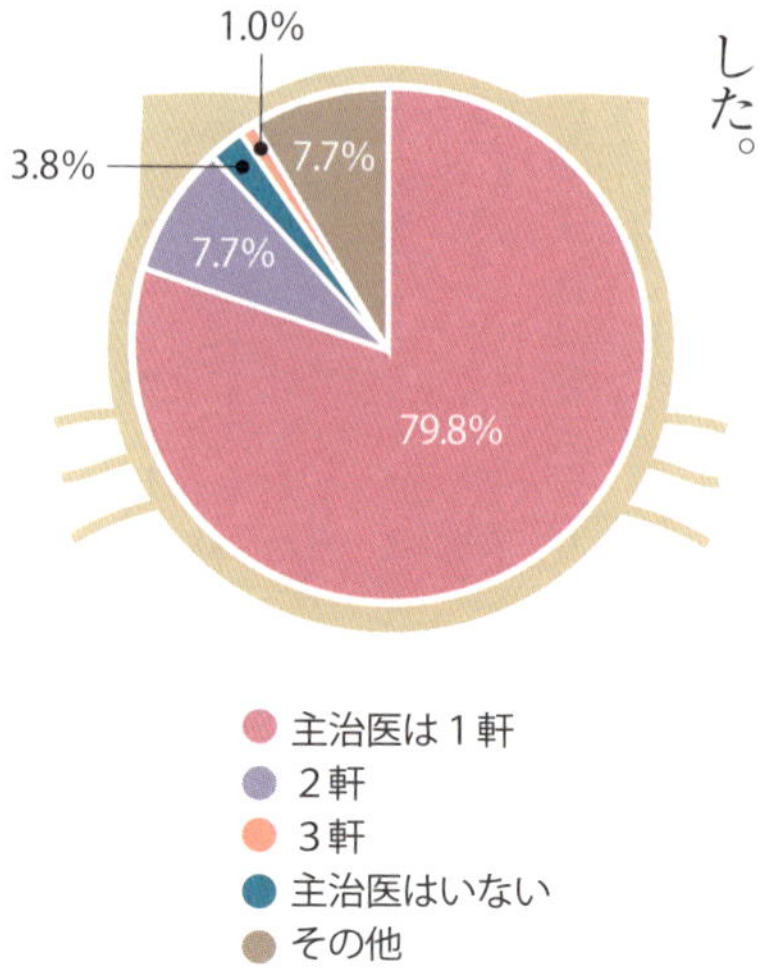

では、何を基準に病院を選んでいるのかを伺ったところ、最も多かったのは「近所」という理由で、以下、「口コミ（近所の評判）」、「しっかり説明してくれる」、「治療費が適正」、「設備」と続きます。

「近所」という以外で病院選びの参考になりそうなお答えを紹介しておきましょう。

ご近所の猫の保護活動をされてる方に聞きました。良心的な価格、時間外診療、休日診療をしてくださるところ。（千葉県・こたママさん＆こたろう）

先生が愛情を持って親身になって（高齢だから痛い検査はやめたり）治してくれること。治療費が安いこと。（静岡県・月子さん＆あんこ）

こたママさん＆こたろう

野良猫の避妊去勢に協力的と紹介された病院。それまでの病院も丁寧だったけれどやや過剰な気がしていた。年末年始以外は無休で、診察時間も長め、スタッフが多くて往診も対応というのは判断ポイントになると思う。（神奈川県・tenkomaruさん&てん子）

信頼できる獣医師の先生に出会うことが大切です。毎回診察の度に先生が変わるのではなく、同じ先生が一貫して診てくださり、緊急にも対応可能な病院選びが必要だと思います。（愛知県・神谷&くっち）

無愛想な先生が一人でやっている個人病院でしたが、入院していたシルバーを引き取りに行った時、先生に懐いていて、名残惜しそうにしていたのに気がつき通っています。その後のお付き合いの中で無愛想ですが、誠実で、最善を尽くしてくれる方だと分かりました。良いお医者さんを見つけるのは大変だと思います。（静岡県・kazuさん・シルバー）

意外だったのは定期的な健康診断についてのお答えです。

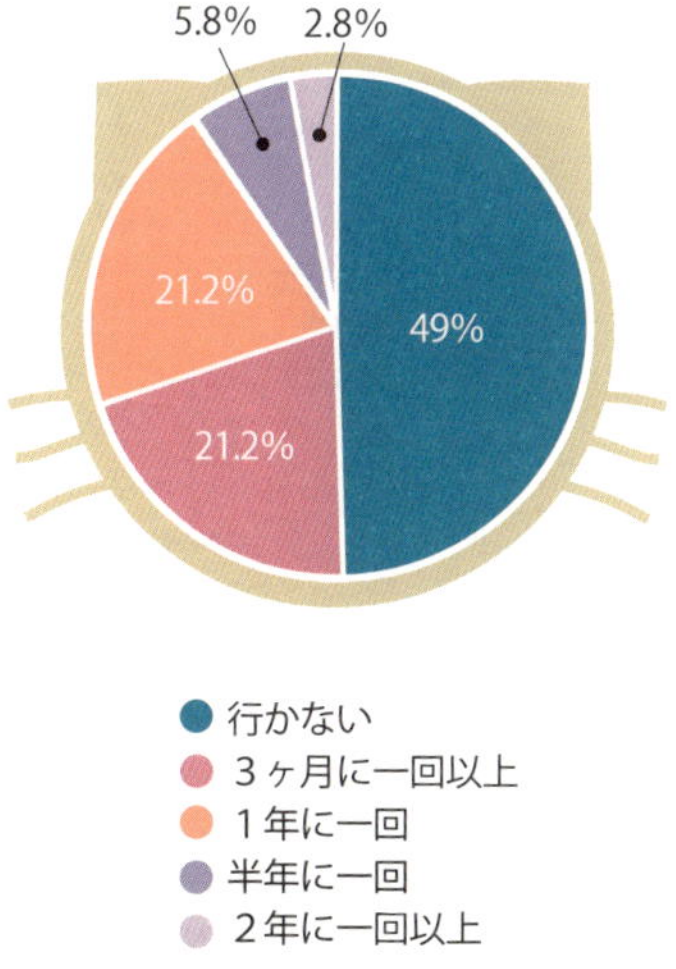

約半数が「行かない」というお返事で、その理由は、

病院へ行くこと自体がストレスで可哀想だから。到着までに手汗、目玉が飛び出しそうになります。（愛知県・齊藤さん＆モモ）

病院をひどく怖がり、家族ともどもストレスが強いので。（愛知県・しくさん＆ジョー）

この二つの答えに代表されるように、病院そのものが「ストレスになるから行かない」というものがほとんどでした。

確かに、ここまでのアンケートの結果を見る限り、できるだけ猫のストレスを減らすことが大事だということを考えれば「出来る限り行かない」という選択肢も分かります。

ただ、その一方で、猫はなかなか具合の悪さを表に出さない特徴があることを考えると、定期検診は必要にも思えます。

こんなお答えも頂きました。

苦痛を感じているようでしたら、病院に連れて行きますが。積極的に治療することが良いと思えないからです。若いうちの明らかな病気や怪我は連れて行きますが、加齢によるものは自然に任せます。（東京都・小麦さん＆小梅・小麦）

もちろん、定期的に病院に通っているというお答えも頂いています。

腎臓の数値が悪くなり、定期的に動物病院に行き血液検査をしてもらっている。数値に異常が出れば主治医に相談して薬を調合してもらっている。（東京

小麦さん＆小梅

小麦さん＆小麦

都・シーノさん＆リムル）

特に問題があると思えない限り病院には行かない、または、「やはり定期的に健康診断に行くべきなのか、野澤先生にお話を伺っています。

君の赤信号はなに？
（病院に連れて行くタイミングについて）

BEST 1	ご飯を食べない	22.3%
2	オシッコの異常（1日しない・血尿・トイレを行き来するなど）	19.4%
3	いつもと様子が違う	17.3%
4	便秘	7.2%
5	動かない	5.8%
6	吐く（複数回、胃液など）	5.0%
7	口臭異常	3.6%
8	体温が高い／下痢が続く	各 2.9%
10	呼吸が速い	2.2%
11	目ヤニ／鼻水	各 1.4%
13	特になし	0.7%
	その他（体を舐め続けるなど）	7.9%

定期的な健康診断については約半数の人が「行かない」というお答えでした。では、健康診断以外で、「こんな時には病院に連れて行く」というタイミングについて伺ってみました。

一番多かったのは「ご飯を食べない」で、続いて「オシッコの異常」、そして「いつもと様子が違う」、「便秘」と続いています。皆さんからのお答えを紹介していきましょう。

不調が2日続いた時。ご飯を1日食べなかった時。毛玉でなく吐いたら直ちに連れて行きます。(神奈川県・tenkomaruさん&てん子)

毎日していることをしなくなった時。(秋田県・mariaさん・チャンガちゃん)

普段と違った様子があった時。(東京都・のりさん&チビ)

下痢した時。口をクチャクチャしてる時。(千葉県・並木さん&うりめろん)

オシッコの量が少なくなり、トイレに頻繁に行き始めたら。(東京都・進藤さん&マメ)

2日食事をしない。尿や便の異常。発熱。

胃液を吐く。元気がなく動かない。毛並みがウロコのようになる。(千葉県・中島さん&なあな)

目ヤニや涙がひどい、痩せてきた、オシッコに異常がある、食事を受け付けない、大好きなはずの抱っこをすると嫌がる、など。(福岡県・書肆　吾輩堂さん&ゴンチャロフ)

耳を触って熱がある場合。毛玉以外で頻繁に吐く場合、呼吸が速いと感じた場合など。(愛知県・神谷さん&くっち)

丸1日ご飯を食べない。脂肪腺腫を掻きむしってハゲが広がる。口が異様に臭い。(秋田県・小山さん&にゃんこ)

オシッコの量。色、臭いが通常と違う。

浅井さん&ミイ子

うんちの色が黒い。顔色が悪い。妙に怒りっぽい。（東京都・Sさん&くろさん）

オシッコは、丸1日出ないともう危険です。どことなくぐったりしている、トイレを出たり入ったりしている、など。別の猫ですが、以前、1日同じところでぐったりしていた子がいて、緊急で診てもらいましたが結局、原因不明のまま、7歳半で亡くしてしまいました。残念でなりません。スコティッシュは、往々にして、原因不明のこうしたことがありがちということでしたが……。（山梨県・はるかさん&オリーブ）

よだれ、口臭がひどくなった。歯茎からの出血。（東京都・山中さん&元生）

排泄と食事に普段と異なる点が見られて、症状を伝えるだけでは対処してもらえないような時に連れて行く。ただ、移動はストレスなので、まずは自分自身がきちんと観察し、それを獣医さんに伝え、連れて行くかどうかは獣医さんの判断に従うようにしている。（神奈川県・波多野さん&ダンボ）

お答えからそれぞれにしっかり基準をお持ちなのが分かります。その裏付けには、日頃のコミュニケーション、観察があるのでしょう。

それでは獣医師側から見た、「こんな時は病院に連れて来て欲しい」というタイミングはどんなことでしょうか？

野澤先生に伺ってみました。

のりさん&チビ（右）

進藤さん&マメ

Column

何もなくても定期的に病院には行くべきですか？

病気がないなら病院には行きたくはありません。アンケートによれば「病院そのものがストレスになる」という猫の本音とも言えるお答えもありました。私もまったくその通りだと思います。病院に行きたがる猫など見たことがありません。また「積極的に治療することが良いとは思えない」というのも、病院嫌いの猫には救われる一言です。でも猫の言い分ばかりも聞いていられません。「猫は具合の悪さを表に出さない」とあるように、うっかり見過ごしてしまうのが一番怖いのです。

定期健診も期間によります。高齢猫に多発する疾患がありますから10歳を越えれば、半年～1年に1回の健康診断は正しいと思います。もし何も疾患が見つからなければ、それで終了ではなく、同じ期間でまた健診を受けてください。持病が見つかれば主治医の先生と相談して定期健診の期間を決めていきましょう。

問題は病院を嫌がる猫です。それでも高齢期前期（10歳）になる頃には一度健診を受けてほしいところです。どうしてもストレスになるなら、主治医の先生と定期的に連絡をしておくのも良いと思います。最近では画像や動画で撮ってもらって定期的に診察させて頂いている猫もいます。

こんな時は獣医師へ！

猫のことで困ったら獣医師です。

猫の容態は観察で分かります。容態の変化があれば、直ぐに病院に連れて行かなくても、獣医師に相談するべきです。

でも今回のアンケートに答えてくれた皆さんは、それは心得ているようで安心しました。〝大丈夫だろう〟というバイアスが働いていても、〝いつも大丈夫とは限らない〟こともご存じだからです。


そこでここでは、獣医師として、どのタイミングで相談したら良いのかという目安を書き出してみました。つまり遅過ぎないタイミングです。

皆さんもご理解されているように、例えば「食欲がなく静か」、「トイレでしゃがんだまま何も出ない」、「一日に数回吐く」、「異常な鳴声と憂鬱さ」、「足を引きずって歩く」、「異臭や涎がある」など様々です。そうした場合には、遠慮なく専門家に相談するべきです。最も困っているのが猫達ですので、そんな時には相談できる獣医師が傍にいれば大変助かるわけです。

猫は知恵があり、自身の容態が悪いと近寄ってポーズで飼い主に知らせます。それが受け取ってもらえれば猫も安心です。気付いてあげられるのは飼い主しかいないのです。

年間の医療費から難しい選択まで
（ご長寿猫のケアについて）

ここではご長寿猫と暮らすなかで、避けては通れない医療費やペット保険、皆さんが心がけているケアのコツ、そして医療上の難しい選択までのお答えをご紹介します。

まず、年間の医療費についてはこちらの通りです。

BEST 1	20,000円以上	38.7%
2	5,000円以下	21.5%
3	10,000円〜20,000円	17.2%
4	5,000円〜10,000円	12.9%
	その他	9.7%

一番多いのが2万円以上と、保険の効かない動物の医療費の高さが改めて分かります。

ペット保険について

また、最近よく目にするようになったペット保険については、

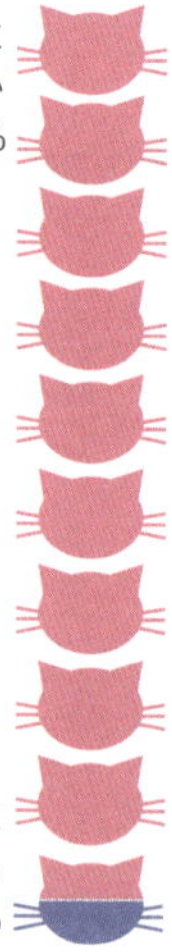

という結果で、

ナナが病気をする頃にはすでに入れなかったです。ナナが若い時は今ほどペット保険が普通ではなかった気がします。

フルシュカさん&サーシャ

（愛知県・河生さん＆ナナ）

というお答えに代表されるように、現在18歳以上の猫が保険に入れる頃には、まだペット保険が今ほど一般的ではなく、今からでは年齢が高いため申し込みが出来ない、または入れてもかなりの高額だということが背景にあるようです。

またこうしたお答えも頂きました。

若い時にしか入れず、しかも一年更新だったので、それなら自分で貯金して必要な時に使えた方が経済的と考えました。実際、老猫になってきて、治療費がかなりかかっているので、入らなくて良かったと思ってます。（神奈川県・稲田さん＆オリーブ）

我が家のケアのコツ

ご長寿猫となると、お家でのケアも大事になります。そこで、ご自宅で行っているケアとコツについて伺ってみたところ、沢山のお答えを頂きました。

【投薬のコツ】

薬はほとんど粉ですが、錠剤は砕き、すべてご飯に混ぜてます。そのままだと食べないので、獣医さんに了承してもらい、匂いの強い市販の缶詰を少し足してあげています。（愛知県・河生さん＆ナナ）

顆粒漢方を水に溶かして注射器で飲ませるか、キャットフードで小さいお団子を作って口に押し込む。（東京都・小ちえさん＆シーちゃん）

稲田さん＆オリーブ

クラリス液分量5滴に1滴プラスして（スポイトに残る分）スポイトに移す4CCくらいの水に薄めて、直接お口にプッシュする。薄めるとあまり嫌がりません。（東京都・沼﨑さん&クロ）

毎朝、注射器型スポイトで液体の薬を与えていた。私が体育座りのようにして座り、両腿の上に猫を仰向けに乗せ、左手で猫の顔を下から支えて猫の顔をやや左に向け、左の牙の間にスポイトを差し込み猫のペースに合せてゆっくり飲ませていた。その時、猫の右前足が自由だとスポイトを振り払おうとするので、顔を支えている自分の親指に猫の右前足をひっかけておくのがコツ。（岡山県・石井さん&しゃおみー）

錠剤は喉の奥に入れて口を塞ぐ。暖かいタオルでカラダ、顔を拭く。（神奈川県・さくらさん&ツナちゃん・ユメ子）

【点滴&注射のコツ】

皮下点滴をしています。寝込みを襲えば嫌がりません（笑）。あとヒーリングしながらだとリラックスしてくれます。（東京都・おかさん&いくら）

13歳のオスは現在糖尿病で毎日注射中。ちゃんと座らせ落ち着かせてから注射している。（神奈川県・tenkomaruさん・てん子）

【トイレ】

便秘の時はお腹を手のひらでやさしくのの字に撫でてました。（大阪府・川田さん&タビ）

沼﨑さん&クロ

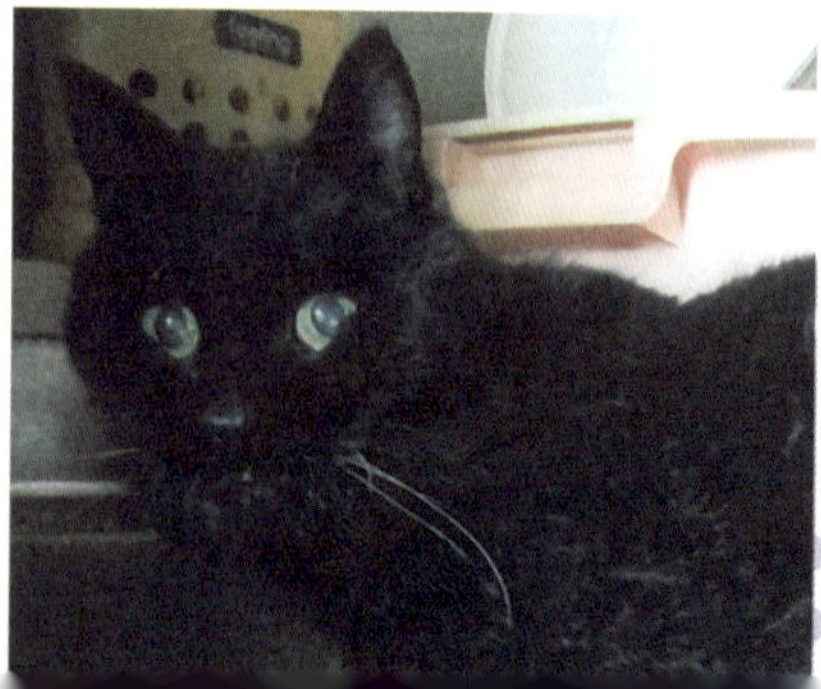

おかさん&いくら

photo キャットシッターCS＋吉浜朋恵

納豆を食べさせて（うんこの）出を良くしている。（東京都・栗谷さん＆いしだい）

便秘の時には浣腸（獣医師の指導で人間の小児用の浣腸薬を使う）。（千葉県・中島さん＆なあな）

すぐに温かい濡れタオルでおしりをふいて綺麗にしてあげる。（静岡県・月子さん＆あんこ）

おむつは赤ちゃん用、シッポ穴の位置を工夫。（三重県・笠ふきさん＆トト）

紙おむつは足の付け根が擦れるのと、尻尾の周りから漏れてしまうので使わず、代わりにペットシーツと小さく切ったタオルを使っていました。（千葉県・市川＆伊東さん＆ちたま）

どれも実際に行っているからこその説得力がありますね。

また、こんなお答えも頂きました。

【食について】

猫は食に関しては保守的な動物です。ですので生後1歳までに薄味の色んなものを食べさせ、ある程度好きな食べ物を把握しておきます。病気になって投薬する時はすでに食欲がない時です。投薬が必要な時に、好物が分からないために苦労している飼主さんが多いと思います。また、好きなものを知っておけば、その食いつきで食欲があるかないかの判断もできます。（静岡県・あみりんさん＆あれれ）

あみりんさん＆あれれ

治療上の選択で難しかったこと

では、ケアをするなかでぶつかった、厳しい選択にはどんなことがあったのでしょうか。

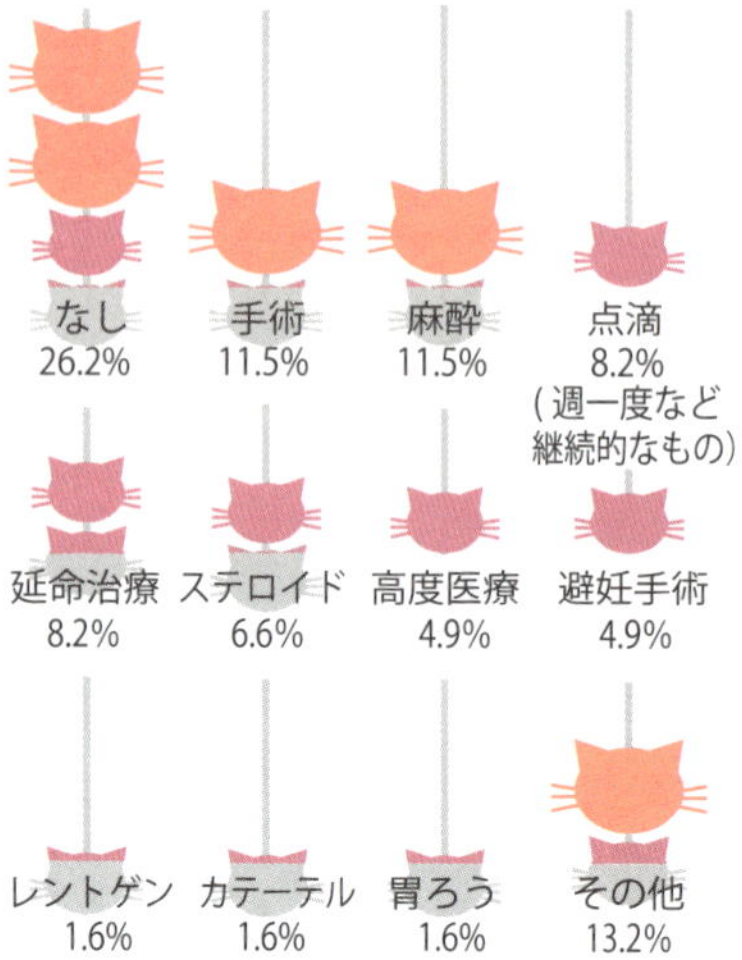

〝なし〟が一位というのは、それだけ健康な猫が多いということでしょう。

２位以下は、〝手術〟と〝麻酔〟。どちらも高齢になってからは悩むところです。また、週に一度程度の定期的な点滴や血液検査もストレスを考えると難しいところでしょう。

膀胱炎と尿路結石になった時は、本人の命を最優先にしたので病院に任せました。その結果尿道を切除するという外科的処置を選択しました。（東京都・おかさん＆ぽち）

抜歯のための麻酔をかける時。（東京都・シーノさん＆リムル）

腎不全末期状態に静注（静脈注射）点滴するために入院させること。（大阪府・川田さん＆タビ）

腎臓病で点滴に通うか薬でやってみるかを聞かれた時に、「点滴に通いだす

シーノさん＆リムル（左）

と一生」だと言われたので悩みました。（愛知県・河生さん＆ナナ）

そして、延命医療についてはこんなお答えを頂いています。

加齢で腎臓病になり、猫が死ぬまでの時間にできることを考えた時。嫌がる輸液や治療を行って長生きさせることを選ぶのか、負担なく生きられるだけの時間だけで天寿を全うしたと思うのか。猫の性格や自分との関係などを考えて、ストレスがかからないように特に治療しないことを決めた時。（東京都・asamiさん＆ウメ）

最後の3日間、延命治療をするか悩みました。でもお医者さまの「もう100歳以上です。お家で最期を迎えさせてあげたほうがよいのでは……」の一言でみんなで看取ることを決めました。（東京都・よしこさん＆およよ）

こうしたお答えがある一方で、「命が助かればどんな方法でも選ぶ」というご意見もあり、何が猫にとって、家族にとって最善なのかは分かりません。

延命治療について、野澤先生にご意見を伺っています。

野澤先生のコラムを挟んで、次は〝看取り〟のお話です。

asamiさん＆ウメ

Column

ご家庭でのケアについて

長寿猫の飼い主さんともなると、さすがに家でのケアは行き届いています。アンケートからは特別なケアをしているわけではなく、皆さん衛生的で落ち着いた暮らしをしている様子が窺えます。ちょっと安心しますね。どちらかと言えば普通の暮らしで、投薬などの家庭でできる医療をされたり、撫でるなど普通のことをされています。なかにはヒーリングなど、自分の得意な接し方をされている方もおられます。

もし普通の方との違いがあるとすれば、飼い主さんの観察力の差でしょう。体調の変化などにいち早く気付けるのだと思います。

一般的に高齢猫には、適度な運動と肥満防止が重要と言われていますが、20歳になった長寿猫がおもちゃで遊ぶには無理があります。むしろ猫の方が逆に飼い主に気を使って遊んでくれるように思います。好きな居場所で飼い主がいてくれれば、それで安心して暮らしていけるのです。段ボール箱の穴ぐらに入らなくなったり、行動も色々と変わってきます。猫にストレスを与えない関係性を築くことが、猫にとって一番のケアではないかと改めて思います。

延命治療を含む難しい治療の判断について

この葛藤は、人のこころの二重構造によるものです。こころは良いか悪いか、という二面性を兼ね備えており、延命か、自然のままか、という葛藤を生じるのは当然の感情です。特に命に関わることであれば、二者選択で立ち止まらざるを得ません。時間は迫りますが、そこで慌てて結論を出さず、信頼できる猫友に相談したり、場合によってはセカンドオピニオンを求めたり、あるいは大学の病院などを紹介してもらっても良いのです。そうした援助によって納得できる方向が見えてきます。

基本は、一日でも長く生きて欲しいこと。お別れを考えないのは、〝悲しいことは起きない〟という防御機制が働くためです。でも猫は飼い主だけを頼りにしています。猫は非言語ですが、問いかけて猫の気持ちを読み取ってあげられるのも飼い主です。

また獣医師側は猫の容態について、飼い主さんに正確に伝えなければなりません。言葉に気を付け、インフォームド・コンセント（正しい情報を伝えた上での合意）が求められます。この場合、動物病院は飼い主中心療法とも言える方針で、助言や提案はしますが、基本的には飼い主さんご自身の自己実現を目指すことになります。

それは飼い主こそが、自分の猫のことを最も知っていて、どうするかを導き出す術があると考えるからです。診察室では、早い段階からセカンドオピニオンを含めた選択肢を一緒に考えつつ、カウンセリングをしながら必要な援助をします。とにかく〝一緒に乗り越える〟ということを心掛けることが大切です。

またね（看取りについて）

日本に帰国中、急に容体が悪化。私の帰宅直後、救急病院へ向かう車の中で息を引き取った。何とか最期を見届ける事ができたのは、私の帰りを待っていたのだと思います。（カリフォルニア州・Kayokoさん&マヤン）

数日間完全に寝たきりになり、気がついたら心停止・呼吸停止だった。まだ充分身体が暖かく、最期に母が抱いたら、大きく息を吐いた（漏れた？）ので、母は最後の力を振り絞ってお別れを言ったのだと信じています。（東京都・遠山さん&ティッタ）

老衰で食事を摂らなくなり、輸液で保たせてましたが、ゆっくりと静かに家族がみんないる時に旅立ちました。（東京都・岩瀬さん&モモ）

家族の近くで眠るように。（愛知県・浅井さん&ミイ子）

母から「マミちゃん死んじゃうかも」と連絡をもらい、駆けつけると顔を上げて私の手をペロペロ舐め、5分もたたぬ間に、すぅーと息を引き取った。と同時にノミがふわっと猫から出てきた。隅っこに行きたがっていたので、人間の手の届かない場所に行かない様に部屋が工夫されていた。（神奈川県・あっちゃんさん&マミちゃん）

完全な老衰でした。夜中に亡くなったのですが、その日の朝までフラフラで

すが歩いていました。最期はいつも通り主人の布団の中で眠るようでした。(秋田県・小山さん&にゃんこ)

朝、枕元までやってきて、「みゃあ」と鳴いてそのままゆっくり丸まって寝るように安らかに逝ってしまいました。〝最後まで家族として、家族のところにやってきて、ちゃんと挨拶していったのだな〟と泣けて泣けて……。(東京都・フルシュカさん&サーシャ)

室内飼いだったので、最期まで看取ることができた。腎臓がほとんど機能しなくなったので、「最期は自宅で」と言われた。亡くなる3日前まで自力でトイレに行った。最期の2日は水も飲まず、トイレも行かず、ずっと寝ていた。撫でるとうっすらと目を開けたが、徐々に体温が下がっていったように思う。(千葉県・沼田さん&ミランダ)

腎臓の数値が悪く覚悟はしていました。午前中トイレでへたり込んだため、すぐに病院で皮下点滴をしてもらいましたが、その時すでにあまり反応がありませんでした。帰宅して寝たきりだったのに、数時間後、急にすたすたと立ち上がったため、慌てて大好きな出窓の猫桶に入れてあげると、懐かしく外の景色を眺めているかのようでした。その日の夜、急に呼吸が速くなり3時間ほどそばについていましたが、夜中3時頃、夫と二人で最期を看取りました。(愛知県・神谷さん&くっち)

亡くなった当日私は地方に出張でした。前日に「明日かーちゃんいないんだ」

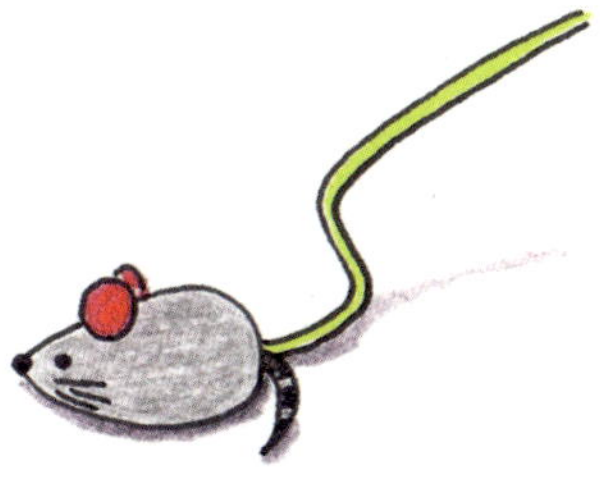

と伝えた時、びっくりした様子で、顔をあげました。「でも、夜の10時30分には必ず帰ってくるから待っててね」と伝え、当日出掛けました。10時10分過ぎに自宅に着き、ねろのもとに行くと、安心した顔を見せてくれました。そこから約30分ほど一緒に過ごし、緩やかに旅立ってゆきました。待っていてくれたことを感謝しています。（神奈川県・ねろたんさん＆ねろ）

「ご飯を食べない」と、母が心配して相談してきた一週間ほど後、「物置で死んでいた」と電話がありました。すぐに実家に行き、亡骸と対面。まだ暖かいような、でも硬直した身体を撫でて。泣きましたね。〝涙がこんなに出るものか〟と思いました。母と二人でジョーが好きだったものと一緒に庭に埋葬しました。土をかぶせては、払ってまた顔を見て、いつまでも埋めきれなくて……。（愛知県・しくさん＆ジョー）

最期の３日は死を決めたように何も食べず、フラフラになりながらもちゃんとトイレに行き用を足し、プライドを感じた。夜が明けて、私がうとうとしていたら２度程苦しそうな息づかいになり、目を開けたまま旅立った。私はあの光景はずっと忘れられず毎晩泣いていた。思い出すと今でも泣いてしまう。（埼玉県・島袋さん＆ベル）

沢山のお答えの中から、その一部をご紹介させて頂きました。
次は〝ペットロス〟についてです。

君去りし後（ペットロスについて）

看取った数は20匹以上。何度看取っても、ペットロスはあります。たくさん泣いて、たくさん想い出を振り返り、しっかり悲しむので良いと思っています。残った猫を抱きしめて、乗り越えています。（東京都・片岡さん&コゲ）

亡くなる3日前にご飯を食べなくなり、病院でも老衰と言われ家族全員で看取るなか、最後は朝方に旅立ちました。あまりにも美しい亡くなり方だったため家族皆後悔がまったくなく、今でもそばにいるような気がしてますのでロスはないです。（東京都・よしこさん&およよ）

他の猫達の世話で何とか気を紛らわせていた。（東京都・シーノさん&リムル）

ペットロスは自覚したが、骨を埋めたところに花を植えて水やりをすることで気持ちを落ち着かせた。（埼玉県・テニスクラブ大井ファミリー・三ッ井さん&うみちゃん）

初めて看取った時は一週間くらい泣けて仕方なかった。まだその時は二匹いたので段々と落ち着いた。その後の看取りはなんとなくスムーズに受け入れられるようになった。（埼玉県・とむさん&れもん）

ペットロスはありません。時折思い出し涙が出ることはあります。（新潟県・マユさん&ぺぺ）

思い出しては何ヶ月も涙が止まりませんでした。〝もうたくさん〟と思ってい

ても1年後くらいにはまた別の猫と出会っています。（東京都・宮田さん&コロ・モモコ）

癌に気づいてあげられなかったことを悔やんで、後悔の念から母がペットロスになった。他の猫たちが増えてその世話で忙しくなり、かなり気が紛れた。（静岡県・くりぼうさん&ミー）

時々思い出して仔猫の頃のことを懐かしく涙していているが、大切に可愛がってあげたと思っている。（神奈川県・さくらさん&ツナちゃん）

職業柄、愛猫が亡くなった後もずっと今まで、彼の絵を描き続けている。「辛くないですか？」とよく訊かれる。確かに寂しさは変わらないけれど、絵に描くことでどこか救われている気がする。想い出の中で、絵の中で、ずっと生き続けているような気がして、悲しい気持ちはいつの間にか感じなくなったと思う。（東京都・山中さん&元生）

やはり、どの子が亡くなっても喪失感はあります。ことに、自分の親や友人が亡くなったり、震災があった年と重なる時もあります。そんな中で、どんなに嘆いても、多頭飼いをしていれば、他に見てあげなくてはいけない子がいます。そういう今生きている子のために頑張らねばと思わせてくれるのです。（山梨県・はるかさん&オリーブ）

24歳という高齢だったので、ずいぶん前から覚悟はできていました。それでも日常生活のふとした時にまだいるような錯覚があります。慣れるまでは時間がかかりそうです。『虹の橋』という詩をいつも心に置いています。（秋田県・小山さん&にゃんこ）

猫の寿命の方が短い以上、先に行ってしまう覚悟はありました。悲しいですが、次の子を迎えることで癒やされている気がします。自分の寿命が短くなった時に悩むかもしれません。（東京都・フルシュカさん&サーシャ）

〝もっと出来ることがあったんじゃなかったか、もっと快適に過ごさせてあげたのに〟と後悔が残った。もう一匹の猫のおかげでペットロスは軽かったと思う。（大阪府・川田さん&タビ）

自覚はない。でも寂しさはある。他の猫がいてくれたことが一番の救い。（神奈川県・tenkomaruさん&てん子）

お答えからそれぞれに、様々な想いをお持ちになっていることが分かります。また、ロスからの立ち直ったきっかけに、「他の猫がいることで気が紛らわされた」というお答えが多いことにも気付かされます。

看取りと、ペットロスについて、野澤先生にお話を頂いています。


いよいよこの本も終わりです。

アンケート最後の質問は、

「改めて猫と一緒に暮らして良かったこと、猫から受け取ったものはなんでしょうか？」

でした。

Column

看取りについて

室内飼いが多くなった現在では、猫を看取ることが多くなりました。昔はある日フッと姿を消すのが、猫とのお別れだったようにも思います。そう考えると、最期まで看取ることができることは幸せなことのように思います。

もちろんお別れは辛いことに変わりありません。当然の感情です。ですから誰だって考えたくない、でもやって来るのです。その現実を受け止め、見守り、見送る、という行為は大切です。難しいことではありません、できるだけ傍にいてあげるだけで良いのです。

猫は具合が悪くなると、人目に付かない所に移動する習性があります。見られるのが煩わしくなるのでしょう、隠れるようにして静かにしていたいのです。なんだか人間とよく似ています。長寿猫ともなるとどこかに行ってしまうことはあまりありません。隠れようとはしない行動は、飼い主が看取るのを知っているかのようです。猫にしてみれば頼れるのは飼い主だけ、知恵のある長寿猫は感謝の気持ちでいっぱいです。自分の居場所が一番落ち着くでしょう。

猫を看取る、それは末期を飼い主とともに過ごすという、猫にとっては幸せなことでもあるのです。見守るということが、いかに心が救われるか、それは飼い主にとっても同様に大切なことなのです。

猫さんのご葬儀はどうされたのか教えてください。

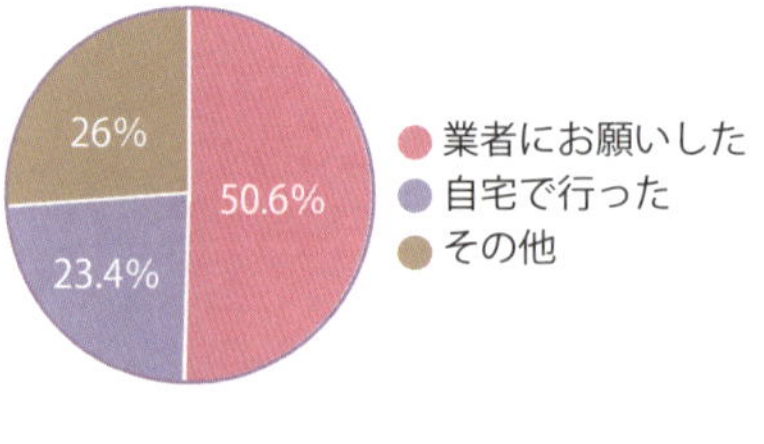

晩年、終末医療にかかった費用を教えてください。

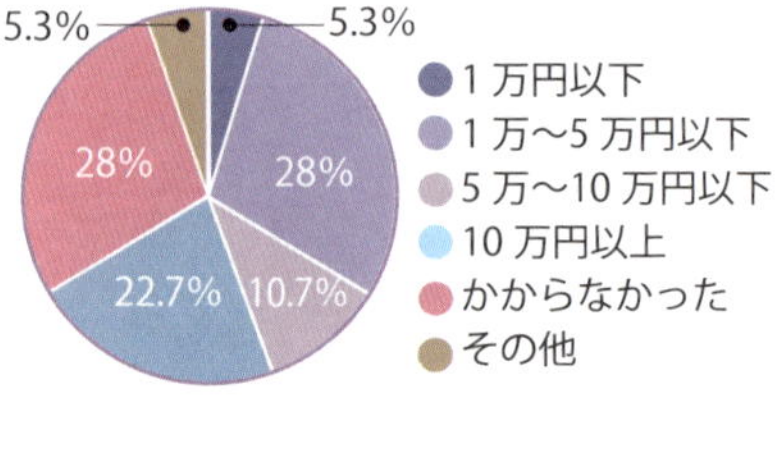

ペットロスについて

人が亡くなる別れをヒューマンロス、ペットが亡くなる別れをペットロスと呼び、それによって発生する悲しみを受け入れられない気持ちを、ペットロス症候群と呼びます。ペットに高い依存性があったり、後悔や自責の念があることで、ひどく落ち込み、個人差はあるものの、なかには日常生活に支障をきたすことがあるほどの精神状態になる方もいらっしゃいます。

アンケートに答えて頂いた多くの長寿猫の飼い主さんは、既に何度か猫を看取り、なかにはペットロスの経験や覚悟があることがアンケートから分かりました。それでも無意識に猫との別れを回避しようとする方が多いようです。恐らくそれは抜きがたい別れの不安と恐怖に、無意識のうちに防御反応が働いているからでしょう。

社会的にはペットロスには未だ無理解と偏見が少なからずあることも、辛さを深めてしまう原因でしょう。またとてもプライベートなことですので、身近にペットロスを抱えている方がいる際は、言葉を選び、こころを受け止めるようにします。

ペットが亡くなって大切なことは「喪の作業」をすることです。これによって喪失感から立ち直ろうとします。古くからの方法ですが、それには死の受容、供養、仲間と問題を共有して回想したり、そして時間が解決していきます。また、ご縁があって、おかわり（次の猫を飼う）することも日常的であって良いのです。喪の服し方は人それぞれで、そのこころは受け止めてあげたり、もらったりすることが重要なのです。

葬儀などのおおよその費用を教えてください。

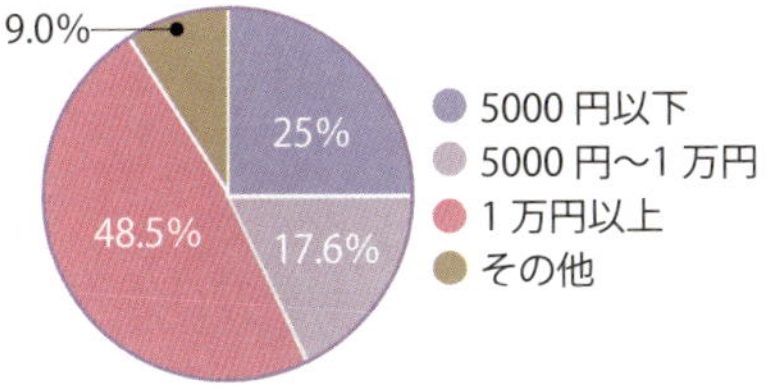

猫さんのお骨はどうしていますか？

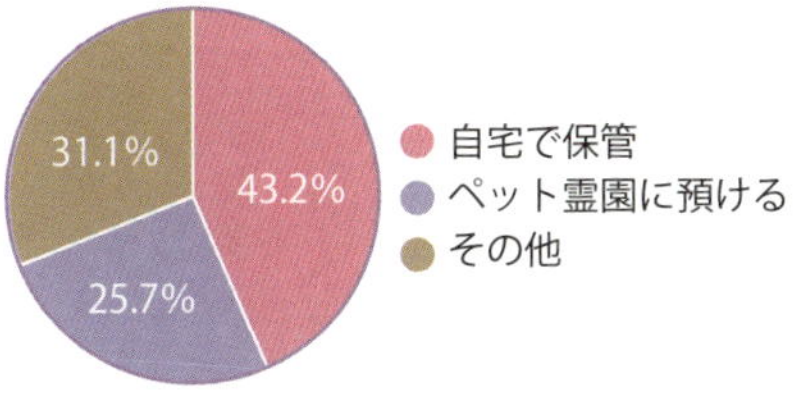

君に会えてよかった

全部がいい思い出

よかったことは、全部。大変だった思いも、気ままにいかないこともあったし、機嫌が悪くて襲われたり、アレルギーが悪化したり（笑）。大変なこともいろいろあったけれど、その全部が猫がいなければ得られなかった経験で、その全部がいい思い出です。

やっぱりうちの子が一番可愛いと思う！（笑）

（東京都・asamiさん＆ウメ）

ウメ

人間大好き

現在22歳の〝ゆうこ〟は、家に来てから人間大好きになり、明らかに楽しそうに過ごしてくれている。それが長生きに繋がっているのだと思います。

（東京都・ozakimayさん＆ゆうこ）

当たり前の風景

ナナは私が生きている人生の大半に存在している、〝当たり前の景色〟のような感じです。ただ、この最後の質問を読んでいると胸にこみあげてくるものがあります。多分どこかでナナがいない生活を感じてしまうからだと思います。それはとても悲しい気持ちですが、その反面、今の時間を大切にしようと思えます。

（愛知県・河生さん＆ナナ）

ナナ

優しい人に

子供たち（男2人）が、他人にとても優しい人間になったこと。

（神奈川県・永井さん＆Nyasama）

猫ちゃんが祈ってくれた

猫に限らずですが、猫は話せないので、表情や鳴き声、行動パターンで猫に気遣いをしてあげることは、人間社会でも同じだと思いました。あと、今の猫ちゃんが高齢になってから妻が高齢出産してくれたので、猫ちゃんも祈ってくれ、〝パワーをくれたのかなぁ〟と感じます。最初は社内で11年間暮らしていたので、今会社が順調なのも猫のおかげだと思っております。（東京都・荻原さん＆ハナ）

無償の愛

子供がいないので純粋に無償の愛を知ることができた。

（岩手県・阿部さん＆ちゃちゃ丸）

猫のいない人生は想像できない

猫からは愛情、物事をせかせかと見ない態度、ゆっくりと考えること、産まれた時から猫と一緒にいる人間の子供たちが動物好きになったことなど言い尽くせないものを貰っていると思います。猫がいない人生は想像できません。猫たちがいたので、今の仕事（猫本専門書店）が開けたのだと思います。（福岡県・書肆 吾輩堂さん＆ゴンチャロフ）

気持ちよくその日を迎えたい

ぶっちゃ

うちの子は今年23歳になります。なぜこんなにも長く生きているのか、私も不思議に思いますが、過剰に可愛がりすぎるのでもなく、ただ好きなことをさせてあげただけのような気がします。

今も、ただ毎日を好きなように穏やかに過ごし、気持ちよく眠るようにいつか来る日を迎えてくれたらいいなと願っています。

（大阪府・chachaさん＆ぶっちゃ）

大事なことを教わった

やはりネコ達がいるため、自由な時間がなかったが、色々教わることも、楽しいこともたくさんあった。本当の家族のような存在で、大事なことを教わったような気がします。

（東京都・シーノさん＆リムル）

日々癒やしてくれた

シルヴィーは初めての猫で、猫の良さを教えてくれ、何頭もの猫に出逢うきっかけを与えてくれた。サヴォイはシルヴィーとの間に子供を作ってくれ、その臆病な性格が家族を常に優しい気持ちにさせてくれた。そしてティッタは、実家からすべての子供達が独立した後、子供達に代わって老後の両親を日々癒してくれた大切な家族でした。（東京都・遠山さん&シルヴィー・サヴォイ・ティッタ）

サヴォイ

精一杯愛しぬく

愛情のあるべき姿です。私は寡黙な幼少期を過ごし、自分の世界に閉じこもって外に出ないという性格でした。それが、〝いくら〟との出会いをきっかけに、劇的に世界が変化しました。彼と過ごす手探りの日々の中で、愛情を伝える・受け止めることの大切さ、素晴らしさを実感しました。腎臓病はもう治りません。カウントダウンはすでに始まっていますが、精一杯愛し抜きたいと思います。（東京都・おかさん&いくら・ぽち）

命とどう向き合うか

アレルギーや猫の問題行動に悩まされたり、楽しいことばかりではありませんでした。猫の死に対しても、〝もう少し何か出来たのではないか〟と、今でも思うことがあります。もちろん、圧倒的に楽しかった思い出のほうが多いし、また一緒に猫と暮らしたいという気持ちはあります。今ならもう少し、自分以外の命とどう向き合うか、ということに対して真摯に向き合えるような気もします。（東京都・ふじこさん&まゆ）

〝かわいさ〟そのもの愛情

いいことしかないです。優しいいし、無償の愛情を注ぎ注がれて、存在が〝愛情〟〝かわ

大切な宝物

さくらが来てくれて一緒に生活を始めて18年。少しずつですが、自分が愛情深い人間になってきたように思います。さくらは私に、愛情を心につくってくれる天使の役を担ってきてくれた大切な宝物です。

（東京都・桂さん＆さくら）

感謝の思いでいっぱい

21年間、妹のように思ってきた猫さん。悲しい時、辛い時、いつもそばにいてくれたので、彼女が亡くなった時は〝自分はどうなるんだろう……〟と思っていましたが、あまりにも思い出が多く、愛を一杯もらえたおかげで悲しみよりも感謝の思いでいっぱいです。

（東京都・よしこさん＆およよ）

ショコラ

なにより大切で愛おしい

大切な家族。10年を超えると、猫又ではないけれど、どこか人の気持ちが分かるようになると感じました。同じ時間を過ごすことができて、とても幸せでした。猫も、うちに来てよかったと少しでも思ってくれていたら……。18年間を一緒に過ごし、お互いで築きあげたその関係が、何よりも大切で愛しいと思いました。

（東京都・望月さん＆ショコラ・モカ）


いさ〟そのものです。子供のような存在です。でもいつの間にか私を追い越しておじいさんになっていた。そこには「切なさ」を感じます。今まで沢山、その存在に助けられ、笑わせられ、愛させてもらいました。残り少しでも気持ちよく過ごしてもらって、責任を持って感謝を持って看取るつもりです。

（東京都・栗谷さん＆いしだい）

いしだい

安らぎと癒やしをくれる

家に帰って出迎えてくれる家族がいるのは幸せでした。安らぎと癒しを与えくれます。

（東京都・中山さん＆ヤン）

家族を癒やしてくれました

家族間でわだかまりがある時でも常に共通の楽しい話題を提供してくれました。こんなにも長く私たち家族を癒し続けてくれたことに、とても感謝しています。〝にゃんこ〟のお陰で娘たちが二人とも動物が大好きになったことも、とても嬉しく思っています。

（秋田県・小山さん&にゃんこ）

にゃんこ

かけがえのない存在に感謝

18年間という長い間、私を信じて、裏切ることなく、ずっと優しく思っていてくれるのは、あんこ以外にいないことを感じています。1分1秒でも長生きして欲しい。愛おしく一緒にいられることを幸せに感じています。かけがえのない存在を持てたことを改めて感謝します。

（静岡県・月子さん&あんこ）

楽しかった

楽しかった。いま思い出すとちょとつらい。

（東京都・ピープル江川さん&ピコ）

兄弟であり子どもであり、恋人

楽しい時も辛い時もいつも一緒にいた家族。私のことを誰よりもそばで見ていてくれた兄弟であり子どもであり、恋人。

（埼玉県・島袋さん&ベル）

元生

〝愛〟を教わっている

人間とか猫とか関係なく、掛け替えのない命でした。彼が教えてくれたことは、まだまだこれから先にもたくさん気付くと思います。18歳半でしたが、人間でいえば100歳近く。いつの頃からか、彼は命ある者としての私の大切は師匠になっていました。〝元さん〟と出逢えたこと、ともに過ごせた日々に、今改めて心から感謝したいと思います。

（東京都・山中さん&元生）

歴代の猫たちに育ててもらった

就職してたいした給料もなくても、猫のご飯は切らしてはならない。自分がいなければ、死んでしまう存在であること、その自覚を持つことが、〝責任を持つこと〟だと思っています。そんな、小さな弱い存在に責任を持ったり、優しくすることは、人としての責任感や、優しさを持つための訓練だったのかもしれないと、今は思っています。今の私は、両親と、歴代のにゃんこたちに育ててもらったと思っています。

（千葉県・デビルママさん＆姫）

元気をもらう

癒やされること、愛おしさ、など元気をもらうことが大きい。

（神奈川県・さくらさん＆ユメ子・ツナちゃん）

くっち

〝ねろ〟に守られていた

その状態を良い悪いなく、ただ受け入れる姿を見せてくれたこと。私は〝ねろ〟を守っていたようで、逆に見守られていたことに気づきました。私自身の成長をずっと見守ってきてくれた〝ねろ〟の大きな愛を、この先私の活動に活かしていこうと思っています。触れないけど、心の中には思いを馳せればいつもいて、この先別つことはないと感じ、えも知れぬ安心感を味わっています。

（神奈川県・ねろたんさん＆ねろ）

存在自体が宝でした

我が子同様、嬉しい時も辛い時も一緒に乗り越えて来ました。言葉は話せないけど、しっぽでちゃんと返事をします。毎晩〝くっち〟を真ん中に川の字になって寝ていた頃を思い出し、涙が込み上げて来ました。いつも傍にいて私たち家族を癒してくれる、〝くっち〟は存在自体が宝でした。（愛知県・神谷さん＆くっち）

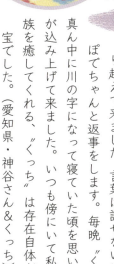

やっぱりネコ大好き

可愛い、楽しい、優しくなれる。いなくなった時の悲しさは大きいですが、やっぱりネコ大好き。一緒に暮らしていると充実します

（東京都・宮田さん＆コロ・モモコ）

自由気ままさが最高

猫ちゃんのすべてが癒しです。家族の会話も増えるし笑顔も増えるし自由気ままさが最高です。（東京都・広瀬さん＆トラヴゥ）

トラヴゥ

嬉しく幸せでした

付かず離れずの同居（人）は私にとても合っていて、長く留守に出来なくても（旅行を諦めた）帰宅した時、ドアの前で待っている姿がなんとも嬉しく幸せでした。特に〝マメ〟は毎晩一緒。少しでも長生きして欲しい三匹です。

（東京都・進藤さん＆マイ・メイ・マメ）

人生を変えた存在

〝なあな〟は、私が猫画家となるきっかけになった猫。人生を変えた存在であり、その影響力の大きさ、深さは計り知れない。でも猫はあくまで猫。その野生と神秘性をそのままに、健やかに人社会と共存させていけるよう願っている。

（千葉県・中島さん＆なあな）

なあな

命の大切さと優しさ

猫がいる生活が長いので、あたりまえになり、（猫の）いない穴の大きさを考えたくない。子どもが育つ過程で、安心させてもらったことも多い。命の大切さと優しさはしっかり育っています！

（三重県・笠ふきさん＆トト）

一匹の猫の命に尊敬を

多くの猫たちと接して思うことは、やはり猫には猫らしく天寿を全うしてもらいたいという気持ちです。一匹の猫としての生き様を尊重してあげることが一番だと思っています。皆さんのような素晴らしい飼主さんが、ご自分ひとりで終わることなく、周りの方たちにも良い影響が広がることを願ってやみません。（静岡県・あみりんさん＆あれれ）

人生が豊かになった

自分が〝猫好き〟なんだと改めて教えてもらった。それまでは家族全員で飼っている猫がいたが、この子は〝私の猫〟であり、姉妹や友人のような存在だった。そして目一杯、愛情表現できる相手だった。いてくれるだけで間違いなく私の人生は豊かになった。（岡山県・石井さん＆しゃおみー）

しゃおみー

命を通して教えてくれた

猫から受け取ったものは計り知れない。でも、最も感謝するのは、猫たちが自分の命を預けてくれて、どうやって生まれ、生き、老い、旅立てばいいのかを、その命を通して教えてくれること。アンケートに答えるうちに〝ダンボ〟の小さかった時のことや、これまで暮らした猫たちのことを沢山思い出して、残してくれたものの大きさに改めて気づいた。（神奈川県・波多野さん＆ダンボ）

感動し尊敬します

小さいし寿命も短いのに不平も言わず、上機嫌な時は楽しそうだし、体の調子が悪くても一生懸命に生きていく姿を見て、感動し尊敬してしまいます。（神奈川県・稲田さん＆グレイ・オリーブ・ルナ）

うちにきてくれて　ありがとう

おわりに

この本にはご長寿猫と暮らすご家族の〝生きた知恵〟が沢山詰まっています。ただ猫を飼っている方はご存じの通り、猫それぞれに個性があり、好きなこともストレスになることも違います。ですから「こうすれば猫が絶対に長生きする」というハウツーは存在しません。ご長寿はあくまでも結果で、大事なのは猫と過ごす一日一日を愉しみ、愛おしむことにあるのだと、編集作業を終えて改めて感じています。

この本の制作に当たっては、大変多くの方にお世話になりました。北川様、坂本様、長岡様、大平様、ゆうやん様、ヒビ様、かっちゃん様、リリー様、佐々木様、ひろの様、中村様、里栄様、目羅様、中島様、畠山様、栗谷様、辻様、とっと様、玉木様、ねこ経済新聞様、猫ヨガ部様。そしてフェースブック〝ご長寿猫、集まれ88匹にゃんこ!〟の皆さまには、アンケート募集の情報拡散と猫友をご紹介頂き、当初の予定88匹を越える103匹というご長寿猫を集めることができました。心より感謝致します。

また、監修を務めて頂いた野澤延行先生にはアンケートのチェックをはじめ、専門家の立場からの様々なアドバイスと原稿を頂き大変感謝しております。デザイナーの中島祥子様、広作室・小林桂子様には厳しいスケジュールの中、素晴らしい本に仕上げて頂きました。そして本企画の立ち上げから、募集、イラストまでを担当して頂いた伊東昌美さんと、カバーにご登場頂いた〝ちたまちゃん〟に改めてお礼申し上げます。最後にもう一度、アンケートにお答え頂いた皆さまと103匹の猫を始め、すべての猫に感謝します。

ご長寿猫研究会

編・ご長寿猫研究会（ごちょうじゅねこけんきゅうかい）
猫バカの編集者とイラストレーターにより 2015 年発足。日々猫を愛でながら猫企画を練っている。
監修・野澤延行（のざわ・のぶゆき）
1955 年、東京生まれ、獣医師、獣医心理学研究会会長。北里大学畜産学部獣医学科卒業。1982 年 5 月、生まれ育った西日暮里で動物・野澤クリニックを開業する。
著書に、『モンゴルの馬と遊牧民』（原書房）、『モンゴル騎行』（山と溪谷社）、『ネコと暮らせば』（集英社新書）、『愛を教えてくれる犬と幸せを運んでくる猫』（新潮社）、『猫語の教科書』（池田書店）、『のらネコ、町をゆく』（NTT 出版）、『ネコと話そう』（マガジン・マガジン社）、『猫に言いたいたくさんのこと』（池田書店）、『猫だって長生きしたい』（有楽出版社）など多数。
動物・野澤クリニック　http://nozawa.site.ne.jp/clinic/

ご長寿猫WEB site●http://shimoa.wixsite.com/neko103
こちらのサイトでは書籍の情報はもちろん、ご長寿猫の情報発信をしていく予定です。

イラスト・伊東昌美　カバー写真・村上昇平

君《きみ》と一緒《いっしょ》
ご長寿猫《ちょうじゅねこ》に聞《き》いたこと
18 歳以上《さいいじょう》の猫《ねこ》103 匹《ひゃくみゃーひき》と家族《かぞく》の物語《ものがたり》
●定価はカバーに表示してあります

2016 年 10 月 10 日　初版発行
2017 年　8 月 22 日　2 刷発行

編　者　ご長寿猫研究会
監修者　野澤延行
発行者　川内長成
発行所　株式会社日貿出版社
東京都文京区本郷 5-2-2　〒113-0033
電話　(03) 5805-3303（代表）
FAX　(03) 5805-3307
郵便振替　00180-3-18495

印刷・製本　株式会社ワコープラネット
デザイン　中島祥子、広作室・小林桂子

ISBN978-4-8170-8224-4　http://www.nichibou.co.jp/